高等职业教育机械类新形态一体化教材

增材制造与3D打印技术及应用

（第2版）

杨占尧 赵敬云 崔凤华 主编

清華大学出版社
北京

内 容 简 介

增材制造也称为3D打印，是现代制造技术的革命性发明。本书在上一版的基础上进行了重构与优化，对增材制造技术进行了更加系统、客观、全面、翔实的介绍和论述。全书共分11章，分别介绍了增材制造技术的基本问题；增材制造的前处理；光敏材料选择性固化增材制造；粉末材料选择性烧结增材制造；丝状材料选择性熔覆增材制造；薄型材料分层切割增材制造；其他增材制造技术及技术选用；金属材料的增材制造；增材制造的后处理及精度检测；增材制造技术的应用；增材制造技术的发展历史与发展趋势等内容。

本书可作为本科和高职高专机械、机电、汽车、材料成形及控制、管理工程、计算机等专业的教材，也可供从事计算机辅助设计与制造、模具设计与制造等工程技术人员参考。

图书在版编目(CIP)数据

增材制造与3D打印技术及应用/杨占尧，赵敬云，崔风华主编. —2版. —北京：清华大学出版社，2021.10(2024.2重印)
(高等职业教育机械类新形态一体化教材)
ISBN 978-7-302-58851-1

Ⅰ. ①增… Ⅱ. ①杨… ②赵… ③崔… Ⅲ. ①快速成型技术－高等职业教育－教材 ②立体印刷－印刷术－高等职业教育－教材 Ⅳ. ①TB4 ②TS853

中国版本图书馆CIP数据核字(2021)第158334号

责任编辑：刘翰鹏
封面设计：常雪影
责任校对：赵琳爽
责任印制：曹婉颖

出版发行：清华大学出版社
网　　址：https://www.tup.com.cn, https://www.wqxuetang.com
地　　址：北京清华大学学研大厦A座　　**邮　　编**：100084
社 总 机：010-83470000　　**邮　　购**：010-62786544
投稿与读者服务：010-62776969，c-service@tup.tsinghua.edu.cn
质量反馈：010-62772015，zhiliang@tup.tsinghua.edu.cn
课件下载：https://www.tup.com.cn，010-83470410
印 装 者：三河市君旺印务有限公司
经　　销：全国新华书店
开　　本：185mm×260mm　　**印　　张**：11　　**字　　数**：252千字
版　　次：2017年5月第1版　2021年12月第2版　　**印　　次**：2024年2月第6次印刷
定　　价：49.00元

产品编号：093440-01

FOREWORD

前言

制造业是国民经济的主体，是立国之本、兴国之器、强国之基。自从18世纪中叶开启工业文明以来，世界强国的兴衰史和中华民族的奋斗史一再证明，没有强大的制造业，就没有国家和民族的强盛。打造具有国际竞争力的制造业，是我国提升综合国力，保障国家安全，建设世界强国的必由之路。随着全球市场一体化的发展，制造业的竞争从过去单纯的质量竞争，发展到产品全生命周期的全方位竞争——T(及时快速)、Q(高质量)、C(低成本)、S(优质售后服务)缺一不可。制造业既要满足日益变化的用户需要，又要有较强的灵活性。在这种形势下，能够以单件、小批量生产而又不增加产品成本的增材制造和3D打印技术得到了迅猛发展和越来越广泛的应用。

增材制造和3D打印技术是20世纪80年代出现的一种全新概念的制造技术，被认为是现代制造技术的革命性发明。李克强总理在《求是》杂志发表的署名文章中写道："3D打印实现了制造方式从等材、减材到增材的重大转变，改变了传统制造的理念和模式，大幅缩减了产品开发周期与成本，也会推动材料革命，具有重大价值。"将增材制造和3D打印技术引入大学工科教学，作为对大学生进行现代制造工程技术培养的重要内容，可使学生对现代机械电子系统的集成性、综合性、交叉性等特点有深刻的认识，从而使学生拓宽视野、活跃思想、增强创新意识。

本书对增材制造技术的工艺、材料、装备、应用等进行详细介绍的同时，也不回避该技术的局限性、发展瓶颈，同样进行了细致的分析和论述。

本书的编写具有以下特点。

(1) 内容与技术发展同步。本书作者紧跟增材制造技术发展趋势，实时更新书中内容，并根据全国上百所用书学校的意见和建议，在作者主编的2006年清华大学出版社《快速成型与快速模具制造技术》、2017年清华大学出版社出版的本书第1版基础上，紧跟增材制造技术和3D打印发展趋势，根据全国上百所用书学校使用意见和建议修订而成，非常切合师生的实际需要。

(2) 充分吸纳国家教学资源库建设精髓。教材主编杨占尧教授是高等职业教育国家级模具专业教学资源库建设中的课程资源库建设主持人，是国家级精品课程和国家级精品资源共享课程"家电产品模具工艺与制造"建设的主持人。此次修订，我们参照这些成果以及近年来教育教学改革的重要成果，丰富教材内容，非常适合教学。

(3) 国家级教学名师领衔,行业企业专家共同编写教材。杨占尧教授在企业实际工作14年,在高校工作22年,是国家级教学名师、河南省优秀专家,连续三届河南省高等教育省级教学成果特等奖获得者,河南省特色专业建设主持人,河南省高等学校优秀教学团队建设主持人,河南省优秀教育管理人才。本书由杨占尧教授领衔主编,编写团队包括学校和行业企业的专家学者,成员构成合理,共同开发出体现增材制造行业发展要求的高质量教材,充分体现校企合作、产学融合,行业特点鲜明。

(4) 使用信息化技术演示原理动画。通过二维码链接以动画形式演示增材制造技术原理图、结构图,使学生随时随地使用手机就可以学习。

本书由国家级教学名师、河南省优秀专家、河南工学院杨占尧教授和赵敬云教授、新乡职业技术学院崔风华教授担任主编,并由杨占尧教授负责统稿。卫华集团有限公司聂福全,河南工学院王鹏飞、董二婷、丁海、杨晓航,新乡职业技术学院张小翠担任副主编。与本书有关的课题研究得到了河南省科技厅、河南省教育厅、河南工学院和卫华集团有限公司给予的大力支持,投入了大量的资金,创造了良好的软、硬件环境。本书在编写过程中,还得到了西安交通大学等单位专家、教授的指导和帮助,特别是新乡学院3D打印学院院长高雪霞教授对本书的指导思想和编写内容都提出了宝贵意见。同时,河南筑诚电子科技有限公司的吕益良董事长和李岗礼总裁对本书的编写给予了大力支持,提供了大量宝贵的核心技术参数和尚未公开的设备原型机供参考。此外,在编写过程中参考了有关兄弟院校的部分著作、论文和研究成果,在此向他们一并表示真诚的感谢!

由于作者水平有限,并且该技术在快速发展时期,许多问题有待进一步研究和探讨。因此,书中难免有不足之处,望读者不吝赐教!

编　者

2021年5月

CONTENTS

目录

CHAPTER 1

第1章

概　　述

本章重点

1. 掌握增材制造技术的成形原理。
2. 熟悉增材制造的流程。
3. 熟悉增材制造技术的主要方法。
4. 了解增材制造技术所使用的材料。
5. 掌握增材制造的过程。

本章难点

1. 增材制造方法与传统制造方法的区别与联系。
2. 增材制造技术的作用。

20世纪末,由于信息技术的飞速发展,统一的全球市场形成了,越来越多的企业加入竞争行列,加大了竞争的激烈程度。用户可以在全球范围内选择自己所需要的产品,对产品的品种、价格、质量及服务提出了更高的要求。产品的批量越来越小,产品的生命周期越来越短,要求企业市场响应速度越来越快。面对日趋激烈的市场竞争,制造业的经营战略从20世纪五六十年代的"规模效益第一"和20世纪七八十年代的"价格竞争第一"转变为20世纪90年代以来的"市场响应速度第一",时间因素被提到了首要地位,增材制造与3D打印技术就是在这种需求下研究发展起来的,应用这项技术能够显著地缩短产品投放市场的周期,降低成本,提高质量,增强企业的市场竞争能力。一般而言,产品投放市场的周期由设计(初步设计和详细设计)、试制、试验、征求用户意见、修改定型、正式生产和市场推销等环节所需的时间组成。由于采用增材制造与3D打印技术之后,从产品设计的最初阶段开始,设计者、制造者、推销者和用户都能拿到实实在在的样品和小批量生产的产品,因而可以及早、充分地进行评价、测试、反复修改和分析工艺过程。因此,可以大大减少新产品试制中的失误和不必要的返工,从而能以最快的速度、最低的成本和最好的品质将新产品迅速投放市场。

制造技术从制造原理上可以分为三类:第一类技术为等材制造,是在制造过程中,材料仅发生了形状的变化,其质量(重量)基本上没有发生变化;第二类技术为减材制造,是在制造过程中,材料不断减少;第三类技术为增材制造,是在制造过程中,材料不断增加,如激光快速成型、3D打印等。等材制造技术已经发展了几千年,减材制造发展了几百年,而增材制造仅有40多年的发展史。从分类可知,增材制造技术相对于等材制造技术、减材制造技术就是制造技术三足鼎立的一大发明,是制造的一个重大突破,是现代制造技术的革命性发明。

1.1 增材制造技术

1.1.1 增材制造技术的原理

增材制造技术是20世纪80年代中期发展起来的一种高新技术,是造型技术和制造技术的一次飞跃,它从成形原理上提出一个分层制造、逐层叠加成形的全新思维模式,即将计算机辅助设计(CAD)、计算机辅助制造(CAM)、计算机数字控制(CNC)、激光、精密伺服驱动和新材料等先进技术集于一体,依据计算机上构成的工件三维设计模型,对其进行分层切片,得到各层截面的二维轮廓信息,增材制造机的成形头按照这些轮廓信息在控制系统的控制下,选择性地固化或切割一层层的成形材料,形成各个截面轮廓,并逐步顺序叠加成三维工件。

增材制造(additive manufacturing,AM)技术是通过CAD设计数据采用材料逐层累加的方法制造实体零件的技术,相对于传统的材料去除(切削加工)技术,是一种"自下而上"材料累加的制造方法。自20世纪80年代末增材制造技术逐步发展,其间也被称为"材料累加制造"(material increase manufacturing)、"快速成型"(rapid prototyping)、"分层制造"(layered manufacturing)、"实体自由制造"(solid freeform fabrication)、"3D打印"(3D printing)等。名称各异的叫法分别从不同侧面表达了该制造技术的特点。

美国材料与试验协会(ASTM)F42国际委员会对增材制造和3D打印有明确的概念定义。增材制造是依据三维CAD数据将材料连接制作物体的过程,相对于减法制造,它通常是逐层累加过程。3D打印是指采用打印头、喷嘴或其他打印技术沉积材料来制造物体的技术,3D打印也常用来表示"增材制造"技术,在特指设备时,3D打印是指相对价格或总体功能低端的增材制造设备。

从广义的原理来看,以设计数据为基础,将材料(包括液体、粉材、线材或块材等)自动化地累加起来成为实体结构的制造方法,都可视为增材制造技术。

通过离散获得每一层面的制造信息和堆积的顺序,通过堆积将材料构成三维实体。因此增材制造的全过程可由图1-1表示。

增材制造技术不需要传统的刀具、夹具及多道加工工序,利用三维设计数据在一台设备上可快速而精确地制造出任意复杂形状的零件,从而实现“自由制造”,解决许多过去难以制造的复杂结构零件的成形,并大大减少了加工工序,缩短了加工周期。而且越是复杂结构的产品,其制造的速度作用越显著。近年来,增材制造技术取得了快速的发展。增材制造原理与不同的材料和工艺结合形成了许多增材制造设备。目前已有的设备种类达到二十多种。该技术一出现就取得了快速发展,在各个领域都得到了广泛应用。例如在消费类电子产品、汽车、航天航空、医疗、军工、地理信息、艺术设计等。增材制造的特点是单件或小批量的快速制造,这一技术特点决定了增材制造在产品创新中具有显著的作用。美国《时代》周刊将增材制造列为“美国十大增长最快的工业”;英国《经济学人》杂志则认为它将“与其他数字化生产模式一起推动实现第三次工业革命”。认为该技术改变未来生产与生活模式,实现社会化制造,每个人都可以成为一个工厂,它将改变制造商品的方式,并改变世界的经济格局,进而改变人类的生活方式。

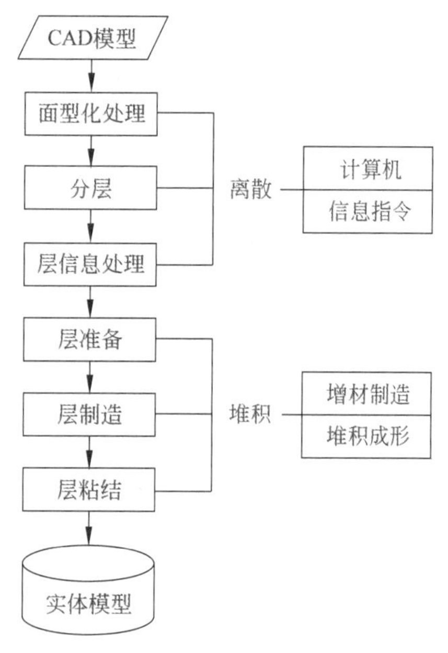

图 1-1 增材制造流程图

1.1.2 增材制造与传统制造方法的区别

传统制造方法根据零件成形的过程可以分为两大类型:一类是以成形过程中材料减少为特征,通过各种方法将零件毛坯上的多余材料去除,如切削加工、磨削加工、各种电化学加工方法等,这些方法通常称为材料去除法;另一类是材料的质量在成形过程中基本保持不变,如采用各种压力成形方法以及各种铸造方法的零件成形,它在成形过程中主要是材料的转移和毛坯形状的改变,这些方法通常称为材料转移法。这两种方法是目前制造领域中普遍采用的方法,也是非常成熟的方法,能够满足加工精度等各种要求。然而,随着市场日新月异的变化以及产品生命周期的缩短,企业必须重视新产品的不断开发和研制,才能在竞争不断激烈的市场中立于不败之地。传统的制造方法无法很好地满足新产品快速开发的要求,促使在制造领域中发生了一场大的变革,这就是增材制造技术的出现。增材制造方法与传统制造方法的比较如图 1-2 所示。

1.1.3 增材制造与传统制造方法的关系

从以上对增材制造方法与传统制造方法的论述可以知道,它们两者之间的关系是相辅相成、相互补充、密不可分的。增材制造技术主要是制造样品,也就是将设计者的设计思想、设计模型迅速转化为实实在在的、看得见、摸得着的三维实体样件。它生产的是单个样件或是小批量样件,它的精髓是在极短的时间内,不使用刀具、夹具、模具和辅具,将设计思想实体化,主要应用于新产品的快速开发。而真正的大批量生产,包括中批量生产

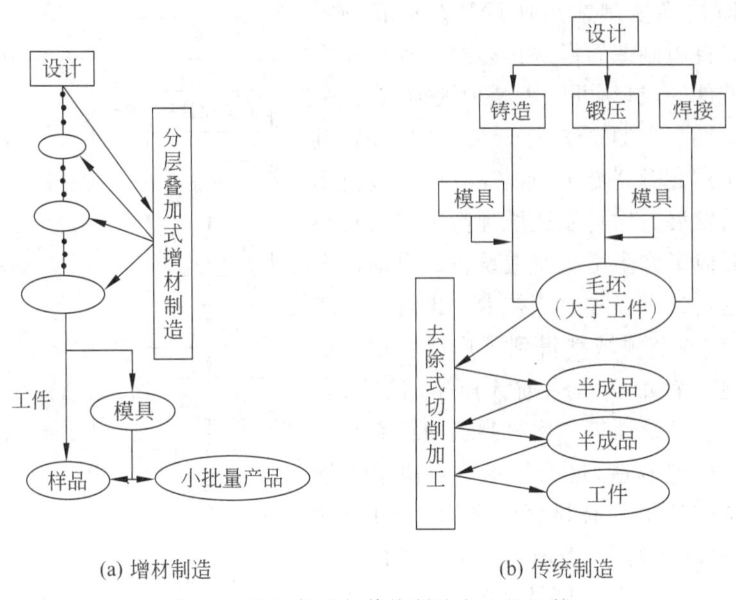

(a) 增材制造　　(b) 传统制造

图 1-2　增材制造与传统制造方法的比较

还是要采用传统制造方法来实现,由于在新产品开发中首先采用了增材制造技术,再采用传统制造方法进行大批量生产时,就避免了因多次试制而出现不必要的返工,从而降低了生产成本,缩短了新产品试制的时间,使新产品能够尽早上市,提高了企业对市场响应的速度,使企业在激烈的市场竞争中占得先机。

1.2　增材制造主要技术方法与使用材料

1.2.1　增材制造主要技术方法

增材制造技术自诞生以来,经过三十多年的发展,根据不同成形材料已经开发出数十种成形方法,目前比较成熟、应用比较普遍的增材制造技术有以下几种。

(1) 光敏材料选择性光固化(SLA)增材制造。

(2) 粉末材料选择性激光烧结(SLS)增材制造。

(3) 丝状材料融化沉积成形(FDM)增材制造。

(4) 薄型材料分层切割(LOM)增材制造。

(5) 金属材料的增材制造。

以上各种增材制造技术,将分别在第 3～8 章中进行详细的论述和讲解。

1.2.2　增材制造技术使用的材料

增材制造技术是一门跨学科交叉技术,而材料科学无疑是其中最核心的部分之一。新材料的研发既是其瓶颈,也是增材制造技术发展的方向。增材制造原材料按照形态可以分为液体材料、薄片材料、粉末材料、丝线材料,按照材料性能也可分为高分子材料、金属材料、无机非金属材料和复合材料，其中又以金属材料和高分子材料应用最为广泛。

1. 高分子材料

高分子材料在一定温度下具有良好的热塑性，强度合适，流动性好，价格低廉，是增材制造最主流的应用材料之一，应用于增材制造技术的高分子材料主要分为工程塑料和光敏树脂两大类。

ABS工程塑料常用于FDM增材制造，强度高，韧性好，耐冲击，无毒无味，颜色多样，但其在遇冷时尺寸稳定性差，会收缩引发脱落、翘曲或开裂现象，可以通过复合改性提升ABS材料物理机械性能。PC与ABS树脂相比，机械性能更出色，高强高弹，耐燃，抗疲劳，抗弯曲，尺寸稳定性好，不易收缩变形，在汽车、航天等对制造强度要求较高的工业领域广泛应用。PLA是典型的生物塑料，具有良好的生物降解性和生物相容性，对环境无害。相较于ABS和PLA材料热稳定性好，制作过程中几乎没有收缩，打印件为半透明状，可观赏性强，但其力学性能较差，可以通过改性研究在一定程度上得到改善。表1-1中列举了适用于增材制造技术的热塑性树脂及特点。

表1-1 适用于增材制造技术的热塑性树脂及特点

名称	PLA	ABS	PC	PA	PEEK
特点	环保生物降解型材料	熔点高	防刮、防冲击性	性能稳定	耐高温、耐腐蚀
	原料来源广泛	冷却时会收缩	高强度、耐久度	生物可降解	自润滑
	熔点低	更易挤击	暴露此外线下会变得质脆	耐油、耐水、耐磨	韧性、抗疲劳性高
	质脆	具有轻微气味	尺寸稳定性高	抗菌	复合材料开发

2. 金属材料

金属材料在增材制造技术中的应用迅速发展，成为对传统机械制造的重要补充。增材制造技术使用的金属材料多为粉末，为了达到较高的性能，对原材料要求较高，特别是为了得到优异的流动性，要求粉末具有较高的纯净度和球形度、较窄的粒径分布和较低的氧含量。

钛及钛合金因其显著的比强度高、耐高温、高耐腐蚀性以及良好的生物相容性等优点，在航天、医疗等领域被广泛应用。例如，钛合金增材制造技术打印的机翼中央翼缘条已应用在C919大飞机的机翼结构中。钴铬合金是对预合金粉末的一种巧妙混合，具有非常好的力学性能(强度、硬度等)、耐腐蚀性和耐热性。

3. 无机非金属材料

无机非金属材料在增材制造技术中应用的主要有陶瓷、水泥等，且主要以粉末和浆料的形式出现。陶瓷材料是人类使用的最古老的材料之一，具有强度高、硬度大、耐熔耐磨耐氧化、绝缘性好、化学稳定性优等优点，是工业制造中的常用材料，但由于其硬而脆的特性，其模具制造需要较长的制作周期、成本高昂，限制了其发展。而增材制造技术恰恰克服了这些不足，使得陶瓷材料的生产效率大大提高。

磷酸三钙陶瓷具有天然的生物相容性和化学稳定性，其化学组成与人骨相似，与人体适配度良好，是骨修复材料的理想选择。氧化铝陶瓷以 Al_2O_3 为主体，具有来源广、用途宽、成本低、产量大、高强高硬、耐磨耐腐等特性，常应用于工业零部件制作。

1.3 增材制造过程

虽然增材制造技术有很多种工艺方法，但所有的增材制造工艺方法都是一层一层地制造零件，不同的是每种方法所用的材料不同，制造每一层添加材料的方法不同。增材制造的工艺过程一般为以下 3 个步骤，如图 1-3 所示。

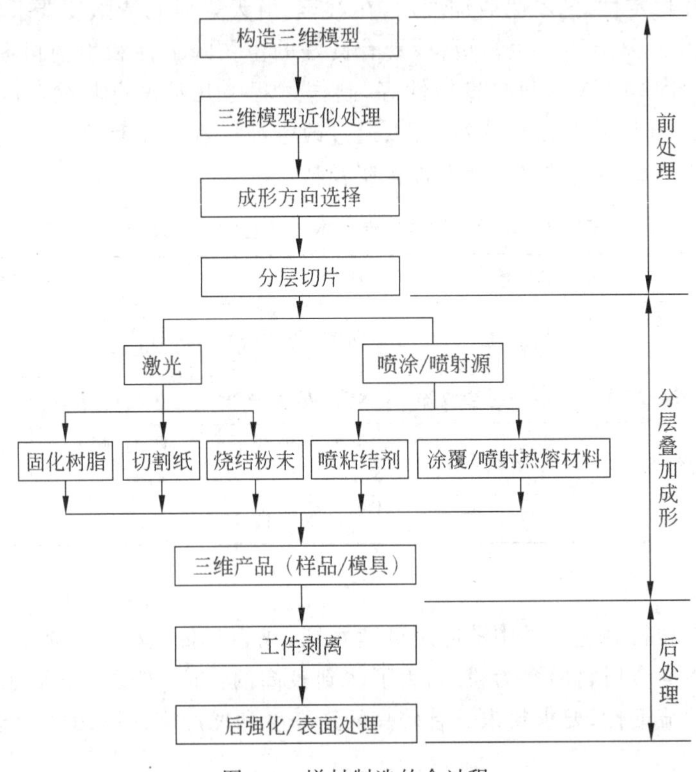

图 1-3 增材制造的全过程

1. 前处理

前处理包括产品三维模型的构建、三维模型的近似处理、增材制造方向的选择和三维模型的切片处理。

(1) 产品三维模型的构建。由于增材制造装备是由三维 CAD 模型直接驱动，因此首先要构建所加工工件的三维 CAD 模型。该三维 CAD 模型可以利用计算机辅助设计软件(如 Pro/E、I-DEAS、SolidWorks、UG 等)直接构建，也可以将已有产品的二维图样进行转换而形成三维模型，或对产品实体进行激光扫描、CT 断层扫描，得到点云数据，然后利用反求工程的方法来构造三维模型。

(2) 三维模型的近似处理。由于产品往往有一些不规则的自由曲面，加工前要对模型进行近似处理，以方便后续的数据处理工作。由于 STL 格式文件的格式简单、实用，目前已经成为增材制造领域的准标准接口文件。它是用一系列的小三角形平面来逼近原来的模型，每个小三角形用3个顶点坐标和一个法向量来描述，三角形的大小可以根据精度要求进行选择。STL文件有二进制码和ASCII码两种输出形式，二进制码输出形式所占的空间比ASCII码输出形式的文件占用的空间小得多，但ASCII码输出形式可以阅读和检查。典型的CAD软件都带有转换和输出STL格式文件的功能。

(3) 增材制造方向的选择。按照产品的三维CAD模型，结合增材制造装备的特点，对制件的成形方向进行选择。

(4) 三维模型的切片处理。根据被加工模型的特征选择合适的加工方向，在成形高度方向上用一系列一定间隔的平面切割近似后的模型，以便提取截面的轮廓信息。间隔一般取0.05～0.5mm，常用0.1mm。间隔越小，成形精度越高，但成形时间也越长，效率也越低；反之则精度低，但效率高。

2. 分层叠加成形加工

分层叠加成形加工是增材制造的核心，包括模型截面轮廓的制作与截面轮廓的叠合。也就是增材制造设备根据切片处理的截面轮廓，在计算机控制下，相应的成形头(激光头或喷头)按各截面轮廓信息做扫描运动，在工作台上一层一层地堆积材料，然后将各层相粘结，最终得到原型产品。

3. 成形零件的后处理

从成形系统里取出成形件，进行剥离、打磨、抛光、涂挂、后固化、修补、打磨、抛光和表面强化处理，或放在高温炉中进行后烧结，进一步提高其强度。

1.4 增材制造技术的作用

增材制造技术的出现引起了制造业的一场革命，有人将其与20世纪60年代的数控技术相提并论。它不需要任何专门的辅助工夹具，并且不受批量大小的限制，能够直接从CAD三维模型快速地转变为三维实体模型，而产品造价几乎与零件的复杂性无关，特别适合于复杂的、带有精细内部结构的零件制造，并且制造柔性极高，随着各种成形技术的进一步发展，零件精度也不断提高。随着材料种类的增加以及材料性能的不断改进，其应用领域必将不断扩大，用途也将越来越广泛，其主要可以概括为以下几方面。

1. 使设计原型样品化

为提高产品设计质量，缩短试制周期、增材制造装备可在几小时或几天内将设计人员的图样或CAD模型制造成看得见、摸得着的实体模型样品，从而使设计者、制造者、销售人员和用户都能受益。

(1) 从设计者受益的角度来看

分析传统的设计，设计者要完成一个产品的设计必须做下列工作：①根据用户对产品的要求，设计其结构、形状和尺寸。②对所选定的结构、形状和尺寸进行运动学、动力学和强度等分析、计算，然后修改原设计。③考虑可能采用的原材料、加工工艺、加工模具及其成本与工时，然后再修改设计。④考虑产品制作后的包装、运输、维修和使用培训等问题,最终修改设计。因此,在传统的设计过程中,由于设计者自身的能力有限,不可能在短时间内仅凭产品的使用要求就把以上各方面的问题都考虑得很周全并使结果优化;虽然在现代制造技术领域中提出了并行工程(concurrent engineering)的方法,即以小组协同工作(teamwork)为基础,通过网络共享数据等信息资源,来同步考虑产品设计和制造的有关上、下游问题,从而实现并行设计思想,但仍然存在着设计、制造周期长、效率低等问题。采用增材制造技术,设计者在设计的最初阶段就能拿到实在的产品样品,并可在不同阶段快速地修改、重做样品,甚至做出试制用工模具及少量的产品进行试验,据此判断有关上、下游的各种问题,从而为设计者创造了一个优良的设计环境,无须多次反复思考、修改,即可尽快得到优化结果。因此,增材制造技术是真正实现并行设计的强有力手段。

(2) 从制造者受益的角度看

制造者在产品制造工艺设计的最初阶段,可通过这种实在的产品样品,甚至试制用工模具及少量的产品,及早地对产品工艺设计提出意见,做好原材料、标准件、外协加工件、加工工艺和批量生产用工模具等准备,以减少失误和返工、节省工时、降低成本和提高产品质量。因此,增材制造技术可以实现基于并行工程的快速生产准备。

(3) 从推销者受益的角度来看

推销者在产品的最初阶段能借助于这种实物产品样品及早并实在地向用户宣传、征求意见,以准确地预测市场需求。因此,增材制造技术的应用可以显著地降低新产品的销售风险和成本,大大缩短其投放市场的时间和提高竞争能力。

(4) 从用户受益的角度来看

用户在产品设计的最初阶段也能见到产品样品,使他们能及早、深刻地认识产品,进行必要的测试,并且提出意见。因此,增材制造技术可以在尽可能短的时间内,以最合理的价格得到性能最符合要求的产品。

2. 用于产品的性能测试

随着新型材料的开发,增材制造装备所制造的产品零件原型具有足够的机械强度,可用于传热以及流体力学试验。而用某些特殊光敏固化材料制作的模型还具有光弹特性,可用于零件受载荷下的应力应变分析。如美国通用汽车公司在为其1997年推出的某车型开发中,直接使用增材制造技术制作的模型进行车内空调系统、冷却循环系统及利用加热取暖系统的传热学试验,较之以往的同类试验节省成本40%以上。克莱斯勒汽车公司直接利用增材制造技术制作的车体原型进行高速风洞流体动力学试验,节省开发成本达70%。

3. 用作投标的手段

在国外,增材制造技术已成为某些制造商家争夺订单的手段。例如,位于Detroit的一家仅组建两年的制造商,由于装备了两台不同型号的快速成型机及以此为基础的快速精铸技术,仅在接到Ford公司标书后的4个工作日内便生产出了第一个功能样件,从而在众多的竞争者中得到了为Ford公司年总产值达3000万美元的发动机缸盖精铸件合同。

4. 快速模具制造

以增材制造制作的实体模型作模芯或模套,结合精铸、粉末烧结或石墨研磨等技术可以快速制造出企业产品所需要的功能模具或工装设备,其制造周期为传统的数控切削方法的1/10~1/5,而成本却仅为其1/5~1/3。模具的几何复杂程度越高,这种效益越显著。一家位于美国 Chicago 的模具供应商(仅有 20 名员工)声称,车间在接到客户 CAD 文件后一周内可提供制作任意复杂的注塑模具,而实际上 80%的模具则可在 24~48 小时内完工。

模具的开发是制约新产品开发的瓶颈,要缩短新产品的开发周期、降低成本,必须首先缩短模具的开发周期,降低模具的成本。快速模具是模具学科中新发展的一种完全不同于传统的模具,它能显著地缩短制造周期,降低成本,对于新产品的开发、试制、生产有十分重要的作用,是制造业重点推广的一种先进技术。然而在我国,由于有关技术界认识上与实践上的局限性,这项技术的推广还有一定的难度。因此,希望有志之士共同努力,进一步探讨新型快速模具的原理、结构、材料与制造工艺,加大推广应用的力度,使模具行业出现一个崭新的面貌。

5. 增材制造为创新设计释放了巨大的空间

增材制造新工艺,可以使所想即可得,使人们的设计思想不再受到制造风险的约束,为人们的设计创新开辟了巨大的空间。如任意复杂形状(包括内部形状,采用传统制造刀具不可达的方位)、多零件、多材料集成为一体等要求,对于传统制造也许不可想象,现在采用增材制造均可轻易实现。人们采用增材制造工艺已经实现了许多热交换结构的创新,实现了最优的换热效率;GE 公司采用增材制造用一个零件代替原设计 20 个零件组成的飞机发动机喷嘴,减重 25%,增效 15%,制造成本大幅度降低,已大批量生产;美国公司还采用增材制造,成形了能耐热 3300℃的复合材料航天发动机零件,可能是其龙飞船 2 号推力 200 倍于龙飞船 1 号的关键。

6. 增材制造是创新产品开发的利器

汽车车身设计、零部件制造、家电轻工产品、建筑设计、时尚消费品等的新产品开发必须经过 3D 打印的验证,已成为其产品开发程序。因此,其带来的好处是使开发周期、开发费用降低至原来的 1/10~1/3。3D 打印无论是在中国还是在世界发达国家均已成为其创新产品开发的利器。

思考与练习

1. 增材制造技术的成形原理是什么?
2. 增材制造方法与传统制造方法有什么区别?
3. 增材制造方法与传统制造方法有什么联系?
4. 简述增材制造成形过程可以分为哪几个步骤。
5. 增材制造技术有什么作用?

CHAPTER 2

增材制造的前处理

本章重点

1. 熟悉用计算机辅助设计软件(CAD)构建三维模型的方法。
2. 熟悉三维模型的 STL 格式化。
3. 了解三维模型的切片处理。

本章难点

1. 利用反求工程构建三维模型。
2. 三维模型的切片处理。

增材制造的前处理主要包括 CAD 三维模型的构建,CAD 三维模型的 STL 格式化以及三维模型的切片处理等几个方面。

2.1 三维模型构建的方法

由于快速成型机只能接受计算机构建的工件三维模型(即立体图,如图 2-1 所示),然后才能进行分层切片处理。因此,首先必须建立三维模型。目前构建三维模型主要有以下方法。

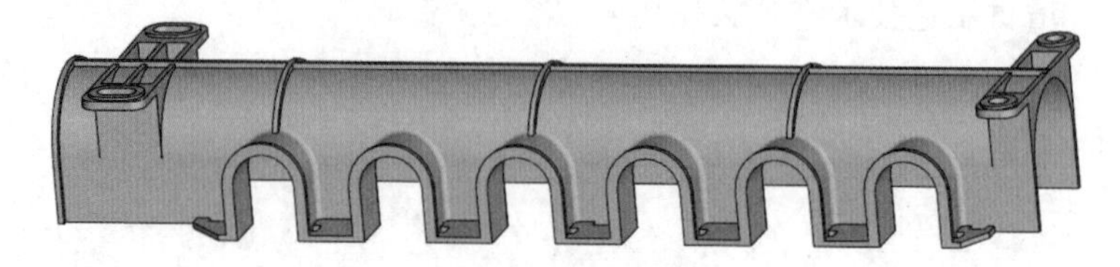

图 2-1 利用 CAD 软件设计的管道零件三维模型

(1) 应用计算机三维设计软件,根据产品的要求设计三维模型。

(2) 应用计算机三维设计软件,将已有产品的二维三视图转换为三维模型。

(3) 仿制产品时,应用反求设备和反求软件,得到产品的三维模型。

(4) 利用 Internet 网络,将用户设计好的三维模型直接传输到增材制造工作站。

具体构建三维模型的方法如图 2-2 所示。

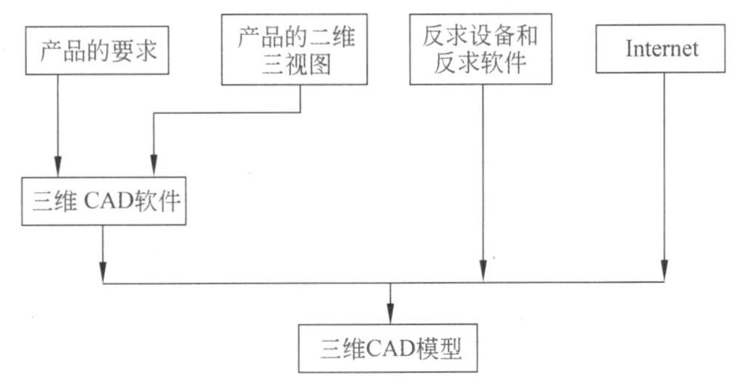

图 2-2 构建三维模型的方法

2.1.1 用计算机辅助设计软件构建三维模型

在个人计算机或工作站上,用计算机三维辅助设计软件,根据产品的要求,可以设计其三维模型,或将已有产品的二维三视图转换成三维模型。

随着计算机辅助设计技术的发展,出现了许多三维模型的形体表达方法,其中常见的有以下几种。

1. *构建实体几何法*(constructive solid geometry,CSG)

构建实体几何法又称为积木块几何法(building-block geometry),这种方法用布尔(boolean)运算法则(并、交、减)将一些较简单的体素(如立方体、圆柱体、环锥体)进行组合,得到复杂形状的三维模型实体。它的优点是:数据结构比较简单,无冗余的几何语言,所得到的实体真实有效,并且能方便地进行修改。其缺点是:可用于产生和修改实体的算法有限,构成图形的计算量很大,比较费时间。

2. *边界表达法*(boundary representation,B-Rep)

边界表达法根据顶点、边和面构成的表面来精确地描述三维模型实体。这种方法的优点是:能快速地绘制立体或线框模型。它的缺点是:数据是以表格形式出现的,空间占用量大;修改设计不如 CSG 法简单。例如,要修改实心立方体上的一个简单孔的尺寸,必须先用填实来删除这个孔,然后才能绘制一个新孔;所得到的实体不一定总是真实有效的,可能会出现错误的孔洞和颠倒现象;描述不一定总是唯一。

3. *参数表达法*(parametric representation)

对于自由曲面,难以用传统的体素来进行描述,可用参数表达法。这类方法借助参数化样条、贝塞尔(Bezier)曲线和 B 样条曲线来描述自由曲面,它的每一个 X、Y、Z 坐标都呈参数化形式。各种参数表达法的差别仅在于对曲线的控制水平,即局部修改曲线而不影响临近部分的能力,以及建立几何模型的能力。其中较好的一种是非均匀有理 B 样条

(Nurbs)法，它能表达复杂的自由曲面，允许局部修改曲率，能准确地描述体素。为了综合以上各方法的优点，现代 CAD 系统常采用 CSG、Brep 和参数表达法的组合表达法。

4. 单元表达法(cell representation)

单元表达法起源于分析(如有限元分析)软件，在这些软件中，要求将表面离散成单元。典型的单元有三角形、正方形和多边形。在增材制造技术中采用的三角形近似(将三维模型转化成 STL 格式文件)，就是一种单元表达法在三维表面的应用形式。

用于构建三维模型的计算机辅助设计软件应有较强的三维造型功能，这主要是实体造型(solid modeling)和表面造型(surface modeling)功能，后者对构建复杂的自由曲面有重要作用。目前，增材制造行业中常用的计算机辅助设计软件系统见表 2-1。

表 2-1 常用的计算机辅助设计软件系统

软件名称	所属公司	软件名称	所属公司
AutoCAD	Autodesk(欧特克)	Inventor	Autodesk(欧特克)
CERO	Parametric Technology Co.	SolidEdge	Siemens(西门子)
NX	Siemens(西门子)	CAXA	北京数码大方科技股份有限公司
CATIA	Dassault System(达索系统)	中望 CAD	广州中望龙腾软件股份有限公司
SolidWorks	Dassault System(达索系统)	KEYCREATOR	Kubotek

其中，用得较多的包括 CATIA、NX、SolidWorks、CERO 等 CAD 软件。这些软件有较强的实体造型和表面造型功能，可以构建非常复杂的模型，因此，受到许多用户的好评，同时软件系统还能将设计至生产全过程集成到一起，让所有的用户能够同时进行同一产品的设计制造工作，即实现所谓的并行工程。

计算机辅助设计软件产生的模型文件输出格式有多种，常见的有 IPGL、HPGL、STEP、DXF 和 STL 等，其中 STL 格式为增材制造行业普遍采用的文件格式。

2.1.2 利用反求工程构建三维模型

传统的产品设计流程是一种预定的顺序模式，即从市场需求抽象出产品的功能描述(规格及预期指标)，然后进行概念设计，在此基础上进行总体及详细的零部件设计，制定工艺流程，设计工夹具，完成加工及装配，通过检验及性能测试，这种模式的前提是已完成了产品的蓝图设计或其 CAD 造型。

然而在很多场合下设计的初始信息状态不是 CAD 模型，而是各种形式的物理模型或实物样件，若要进行仿制或再设计，必须对实物进行三维数字化处理，数字化手段包括传统测绘及各种先进测量方法，这一模式即为反求工程。反求工程也称为逆向工程，简称 RE(reverse engineering)。

反求工程技术与传统的产品正向设计方法不同。它是根据已存在的产品或零件原型构建产品或零件的工程设计模型，在此基础上对已有产品进行剖析、理解和改进，是对已有设计的再设计。通过样件开发产品的过程。与产品正向设计过程相反，反求工程基于已有产品设计新产品，通过研究现存的系统或产品，发现其规律，通过复制、改进、创新，从而超越现有产品或系统的过程。它不是仅对现有产品进行简单的模仿，而是对现有产品进行改造、突破和创新。

在制造领域，反求工程具体表现为对已有物体的参照设计，通过对实物的测量构建物体的几何模型，进而根据物体的具体功能进行改进设计和制造。反求工程技术广泛应用于汽车、航空、模具等众多领域。

在反求工程中，准确、快速、完备地获取实物的三维几何数据，即对物体的三维几何形面进行三维离散数字化处理，是实现反求工程的重要步骤之一。常见的物体三维几何形状的测量方法基本可分为接触式和非接触式两大类，而测量系统与物体的作用有光、声、机、电等方式。现有的一些测量方法即有各自独特的应用优势，又都有一定的局限性。

1. 接触式测量方法

(1) 触发式接触测量法。触发式接触测量头一次采样只能获取一个点的三维坐标值。20 世纪 90 年代初，英国 Renishaw 公司研制出一种三维力一位移传感的扫描测量头，该测头可以在工件上滑动测量，连续获取表面的坐标信息，扫描速度可达 8m/s，数字化速度最高可达 500dot/s，精度约为 0.03mm。这种方法的主要优点是测量精度高，适应性强，但一般接触式测头测量效率低，而且对一些软质表面无法进行反求工程测量。

(2) 层析法。层析法是一种反求工程技术，将研究的零件原形填充后，采用逐层铣削和逐层光扫描相结合的方法获取零件原形不同位置截面的内外轮廓数据，并将其组合起来获得零件的三维数据。层析法的优点在于可以对任意形状、任意结构零件的内外轮廓进行测量，但测量方式是破坏性的。

2. 非接触式测量方法

非接触式测量根据测量原理的不同，大致有光学测量、超声波测量、电磁测量等方式。以下仅将在反求工程中最为常用与较为成熟的光学测量方法(含数字图像处理方法)作简要说明。

(1) 基于光学三角形原理的反求工程扫描法。这种测量方法根据光学三角形测量原理，以光作为光源，其结构模式可以分为光点、单线条、多光条等，将其投射到被测物体表面，并采用光电敏感元件在另一位置接收激光的反射能量，根据光点或光条在物体上成像的偏移，通过被测物体基平面、像点、像距等之间的关系计算物体的深度信息。

(2) 基于相位偏移测量原理的莫尔条纹法。这种测量方法将光栅条纹投射到被测物体表面，光栅条纹受物体表面形状的调制，其条纹间的相位关系会发生变化，数字图像处理的方法解析出光栅条纹图像的相位变化量来获取被测物体表面的三维信息。

(3) 基于工业 CT 断层扫描图像反求工程法。这种测量方法对被测物体进行断层截面扫描，以 X 射线的衰减系数为依据，经处理重建断层截面图像，根据不同位置的断层图像可建立物体的三维信息。该方法可以对被测物体内部的结构和形状进行无损测量。该方法造价高，测量系统的空间分辨率低，获取数据时间长，设备体积大。美国 LLNL 实验室研制的高分辨率 ICT 系统测量精度为 0.01mm。

(4) 立体视觉测量方法。立体视觉测量是根据同一个三维空间点在不同空间位置的两个(或多个)摄像机拍摄的图像中的视差,以及摄像机位置之间的空间几何关系来获取该点的三维坐标值。立体视觉测量方法可以对处于两个(或多个)摄像机共同视野内的目标特征点进行测量,而无须伺服机构等扫描装置。立体视觉测量面临的最大困难是空间特征点在多幅数字图像中提取与匹配的精度和准确性等问题。近来出现了以将具有空间编码的特征的结构光投射到被测物体表面制造测量特征的方法有效解决了测量特征提取和匹配的问题,但在测量精度与测量点的数量上仍需改进。

3. 常用扫描机介绍

常用的扫描机有传统的坐标测量机(coordinate measurement machine,CMM)、激光扫描仪(laser scanner)、零件断层扫描机(cross section scanner),以及 CT(computer tomography,计算机 X 线断层照相术)和 MRI(magnetic resonance imaging,磁共振成像)。下面介绍几种现代激光扫描仪、零件断层扫描机、CT 扫描及其数据的转化。

(1) 激光扫描仪。图 2-3 所示为 LSH-300 激光扫描仪。其中,被扫描的物体被固定在前部可旋转的测量台上,激光发射头安装在后部的活动横梁上,它可相对横梁作水平方向的往复扫描运动,以及跟随横梁做垂直方面的往复扫描运动。当激光束照射到表面涂有白色反光粉的被扫描的物体上时(见图 2-4),接收探头采集反射光信号。图中 ΔZ 为被扫描表面两点的高度差,ΔX 为探头接收到相应反射光信号的分离值。显然,由 ΔX 可推算 ΔZ,从而得到被测表面各有关点的高度差,再用适当软件对此数据进行处理后,求出各离散点的坐标值,在计算机屏幕上显示出由离散点表示的被测表面,并可产生典型 CAD 系统可接受的多种标准格式的模型文件输出(如 IGES、DXF、VDA 和 OBJ)。

图 2-3 LSH-300 激光扫描仪

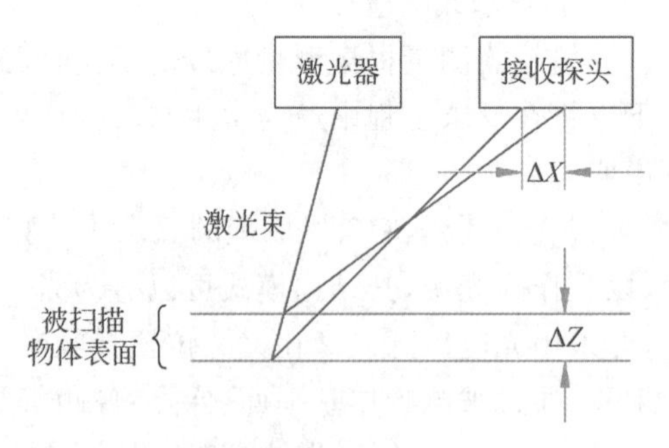

图 2-4 激光扫描原理

上述激光扫描仪的测量精度为±0.05mm,各直线运动坐标轴的分辨率为 0.005mm,旋转测量台的分辨率为 0.004°,被扫描物体的最大尺寸为:ϕ457mm(直径)×457mm(高),是目前较便宜的一种激光扫描仪。

图 2-5 所示为英国 3D Scanners 公司生产的 Reversa 扫描头,这种扫描头可安装在 CNC 数控机床或 CMM 测量机上,构成激光扫描仪。它采用激光线扫描,激光线宽高达

45mm，扫描点密度高达 572 点/条。因此，扫描速度可达每秒 15000 点，测量精度可达 ±0.05mm。

(2) 零件断层扫描机。零件断层扫描机(图 2-6)采用逐层切削与逐层光扫描相结合的方法，能采集物体的表面和内部结构几何信息。其工作过程如下。

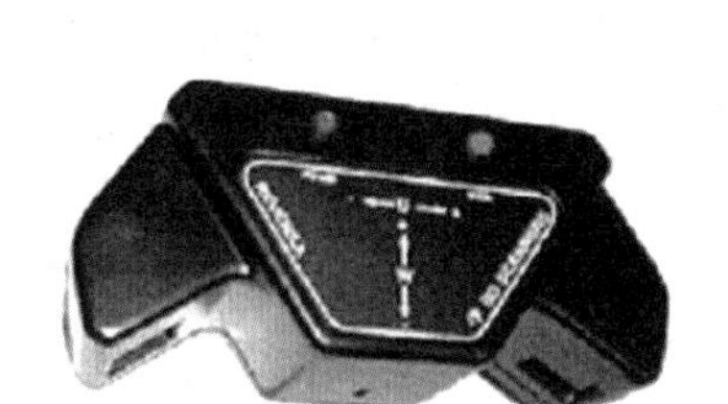

图 2-5　Reversa 扫描头

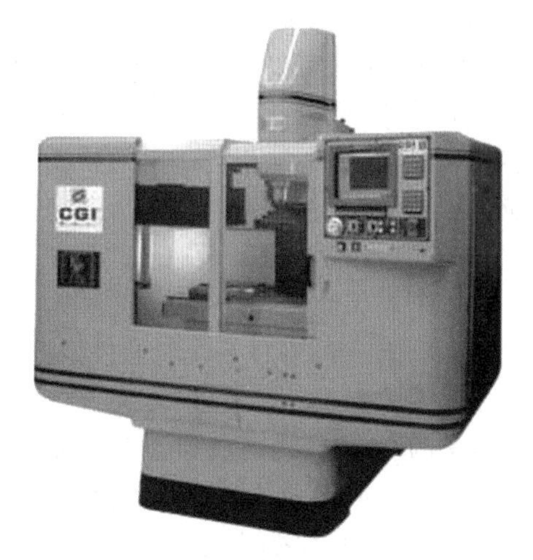

图 2-6　零件断层扫描机

① 预处理。先将待测零件放置在一容器内，注入一种特殊的粘结材料(如专门配置的环氧树脂)，构成测试块，它的作用如下。

- 填充零件中的空隙，以便在后续切削加工时各层轮廓有良好的支撑，以免弯曲或断裂。
- 为后续光学扫描工序提高对比度，以便得到更清晰的轮廓信息。

② 逐层切削。将上述测试块固定在断层扫描机上，铣刀自上而下对测试块进行逐层切削(每层的厚度为 0.025mm)。

③ 逐层扫描。每切削一层，用扫描机上的光学系统对测试块的上表面扫描一次，从而逐步采集待测零件每层的轮廓信息。

④ 构建三维模型。用软件处理各层的轮廓信息，拼合成零件的整体信息，最终得到零件的三维模型。这种模型能为典型的 CAD 系统所接受。

美国 CGI 公司生产的 RE1000 断层扫描机的测量精度为±0.025mm，被扫描物体的最大尺寸为 300mm(长)×260mm(宽)×200mm(高)。

为了配合增材制造技术的应用，现在许多扫描机都具备 STL 文件格式的输出，它能直接为快速成型机所接受。也有一些扫描机带有处理离散数据的软件，能将扫描所得待测物体的离散点转化成三维模型的标准格式。然而，由于成本和售价的限制，这些附带的转化软件的功能也都有限。为此，美国 Imageware 公司开发了一个专门处理离散数据的软件 Surfacer，这个软件的功能较丰富，为三维点数据与计算机辅助几何设计的连接提供了完善的软件环境。它使用户能以数字化的点、曲线或曲面的形式，输入几何信息，对其进行转换和分析，并可向下游的分析、设计、显像、动画或制造过程输出几何信息。上述输入的数据文件可以直接来自三维传感系统(如坐标测量机、莫尔云纹仪、激光扫描仪、声测仪或光学数字化仪)、IGES格式文件(如点、曲线和曲面等实体)、医疗图像数据、GLS计算数据或其他三维点数据。Surface的强有力的点处理功能,如自动分割、用特征线描述截面、切片、缩放和镜像等,使用户能方便地分析、过滤、抽取和分割随机的三维点数据。它还提供基于NURBS(非均匀有理B样条)的曲线和表面建模的环境,其核心是NURBS拟合算法,借助此算法可以自动对点群进行曲线或曲面拟合。Surfacer还能对复杂的曲线和曲面进行产生、修改、组合和分析。例如,可读入多种扫描机输出的离散点数据,能将这些离散点方便、精确地转化成一系列曲线,再将曲线转化成曲面,或者直接将离散点转化成曲面。最后,将有关曲面拼接成物体的CAD表面模型(surface model),产生多种三维CAD系统能接受的标准格式输出。这些CAD系统可将上述表面模型转化成实体模型(solid model)。因此,借助Surfacer这类的软件和扫描机,不但能得到被测物体的三维模型,而且可再用三维CAD系统对此模型进行任意的修改,得到一个新物体模型。这就使设计者能避免产品的纯粹复制,方便、快速地完成由学习到创新的演变。

Surfacer的快速、精确形成和分析几何数据的能力,使其能广泛用于产品开发设计、反求工程、动画、医疗图像处理、增材制造和模拟等领域。

(3) CT扫描及其数据的转化。CT扫描已广泛应用于医疗诊断、假体设计、工业检测和三维数字化,目前比较先进的一种CT扫描是螺旋式CT扫描(spiral CT scanning),其原理如图2-7所示。用这种扫描机对实体(如人体)扫描时,实体在一个门架中连续地向前缓缓移动(速度为1～10mm/s),装于门架上的X射线管和检测系统围绕实体连续转动并采集数据,这两种运动之间的相互配合关系是,X射线管和检测系统每转动360°,实体向前移动一个切片层厚(1～2mm)。

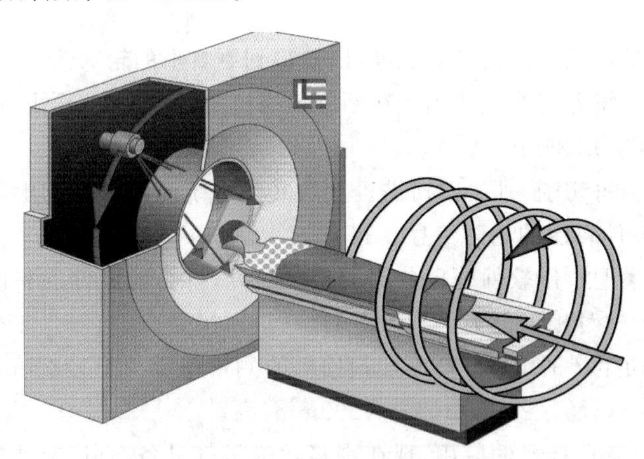

图2-7 螺旋式CT扫描原理

由CT扫描得到的原始数据呈截面CT图像格式,每一幅CT图像包含被测对象的内、外结构的截面几何信息,这些CT图像是建立CAD模型的基础。为了将CT扫描数据转化成CAD模型,首先须采用图像分割算法,以便将CT图像作为一套二维轮廓,从中提取几何信息。这些二维轮廓随后被转换成具有已知扫描切片层距的三维原始CT轮廓。

用高级轮廓分割算法可以提取从属于各个表面的CT轮廓，然后，通过表面拟合技术，能将被提取的三维轮廓转换成CAD表面，这些建立的表面可以转换到任何CAD系统，以便再作修改。最后CAD模型能用作进一步的设计或其他下游应用。

图2-8表示了由CT扫描所得物理对象的数据构建CAD表面模型的主要步骤。

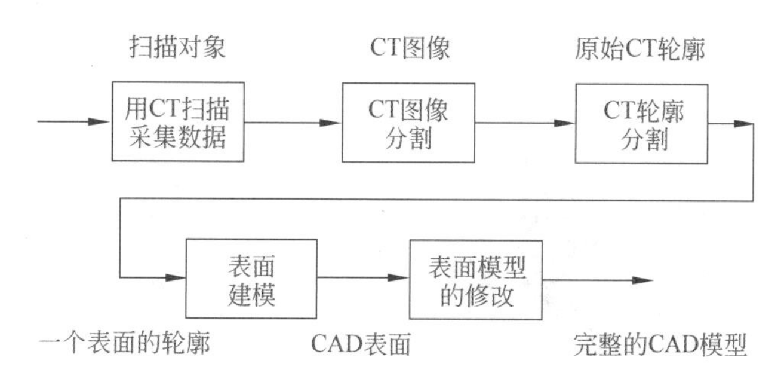

图2-8　由CT扫描所得物理对象的数据构建CAD表面模型的主要步骤

① 数据采集。CT扫描有医疗用CT扫描和工业用CT扫描两种。当扫描对象具有低材料密度(如人体器官、塑料或铝零件)时，适合用医疗用CT扫描；当扫描对象具有高材料密度(如钢铁零件)时，适合用工业CT扫描。扫描所得结果是一系列的CT图像。为了获得高品质的CT图像，必须很好地控制图像的分辨率、扫描距离、对比度和噪声。

② CT图像分割。所谓CT图像分割指的是，在CT图像的背景或者其他材料当中，将有兴趣的材料区分离出来。阈(门限)方法可用来进行这种分割。决定阈的算法有多种。例如用简单的定标，即对被分割材料区的某些尺寸和相应物理对象的尺寸进行测量和比较，来确定阈值。加阈后，CT图像被转换成二进制图像，然后用边缘检测算法来提取所有的内、外CT轮廓，再将被提取的原始CT轮廓写成IGES文件，以便后续过程使用。图2-9(a)所示为采用比利时Materialise N. V.的CT Modeller系统作为CT图像分割平台，经加阈和边缘检测后所提取的某一CT切片层图(图2-9(b))的轮廓。

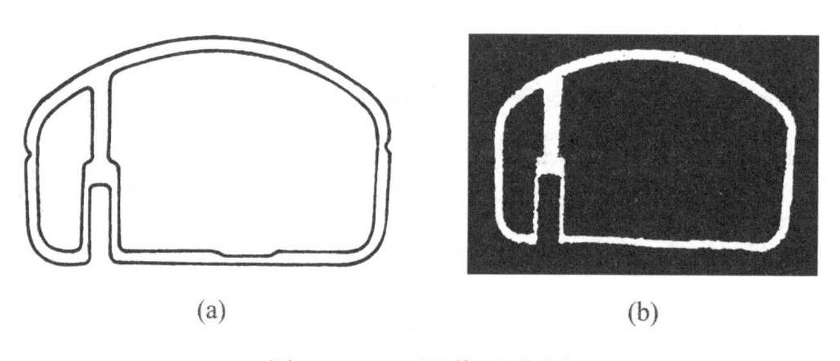

图2-9　CT图像的分割

③ CT轮廓的分割。CT轮廓的分割用来将从属于各个表面的轮廓部分分离出来。半自动“种子增长”技术可用于提取用户感兴趣的表面轮廓。采用此技术时，用户首先在计算机屏幕上，根据在感兴趣的切片上存在的轮廓点，输入一系列的离散点，此后，这些离散点形成连续的轮廓，并称为“种子轮廓”。再用一B样条曲线作为“种子B样条”，根据

“种子轮廓”进行拟合。B样条用其阶次、结束点结构和控制点来记录用户的想法。为了自动提取下一个切片的类似轮廓,在这一步骤中,采有弹性B样条和优化算法。随后的步骤是轮廓提取,用B样跟踪算法来提取所有相似的轮廓部分。两个分割部分之间的间隙须修补,然后,产生最终辨认出的连续轮廓。如图2-10所示为对CT图像进行轮廓提取。

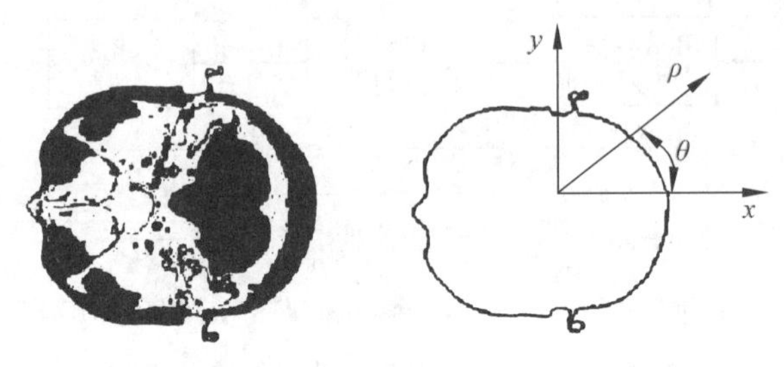

图 2-10 轮廓提取

④ 表面建模。表面建模可分为两个步骤,即拓扑结构分划和单个表面拟合。其中,拓扑结构分划是将CT轮廓的点群分成若干单独的拓扑结构区,每一区代表一个单独的表面块;单个表面拟合时,对于代表规则几何特征(如平面、圆柱面、圆锥面和球面)的点群区,必须直接当作相应的几何特征进行拟合;而所有其他点群区,则用B样条表面当作自由曲面进行拟合。如图2-11所示为对关节进行表面建模。

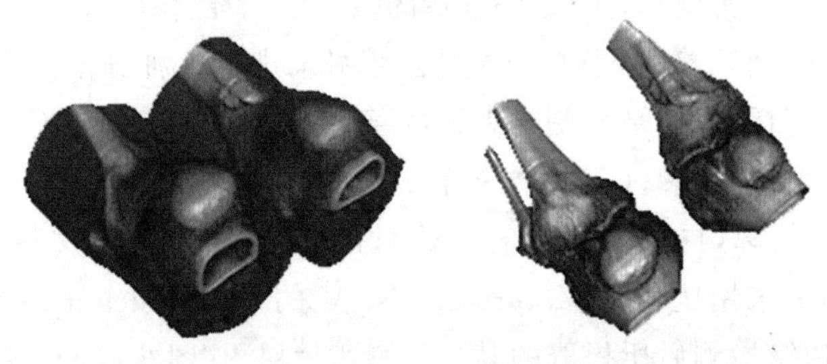

图 2-11 关节表面模型

⑤ 表面模型的修改。表面建模后,可采用任何CAD软件修改模型,以便使模型更完美,其主要操作包括表面修整、光滑连续和填缝。

目前,市场上有专门转化医用CT扫描图像的软件。例如,处理CT扫描图像用的Mimics,产生支撑结构用的C-SUP,建模用的CTM和连接CAD系统用的MedCad等。

2.2 三维模型的STL格式化

由于产品上往往有一些不规则的自由曲面,为方便地获得曲面每部分的坐标信息,加工前必须对其进行近似处理。

在目前的快速成型机上,最常见的近似处理方法是,用一系列的小三角形平面来逼近自由曲面。其中,每一个三角形用 3 个顶点的坐标(x,y,z)和 1 个法向量(**N**)来描述,如图 2-12 所示。三角形的大小是可以选择的,从而能得到不同的曲面近似精度。

经过上述近似处理的三维模型文件称为 STL 格式文件,它由一系列相连的空间三角形组成,如图 2-13 所示。如图 2-14(a)所示为一个内有矩形孔的矩形块,如图 2-14(b)所示为此矩形块 STL 格式化后的情形,由这个简单的例子可以看出三角形是如何构成的。

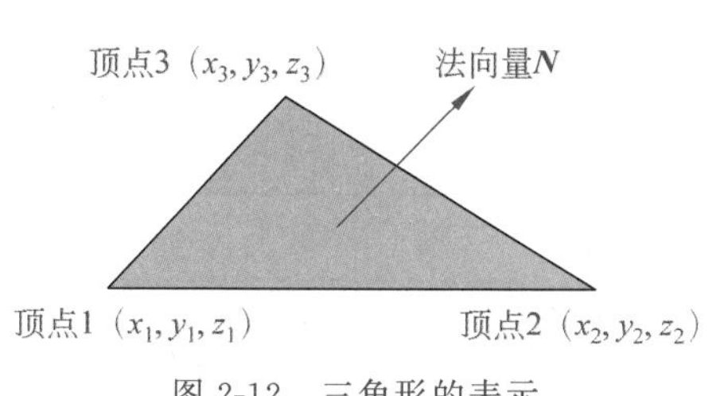

图 2-12　三角形的表示

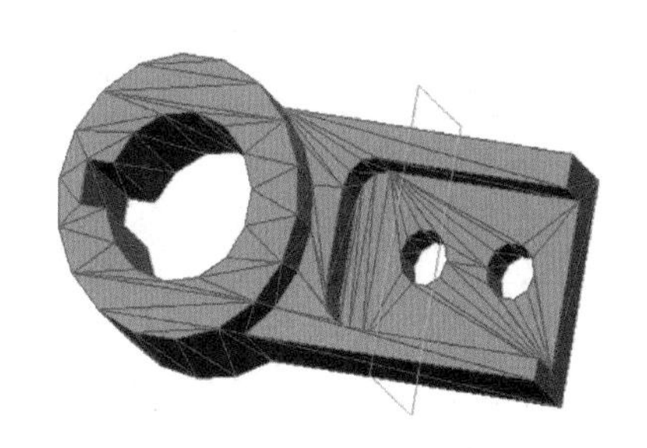

图 2-13　用 STL 格式显示的三维模型(1)

(a)

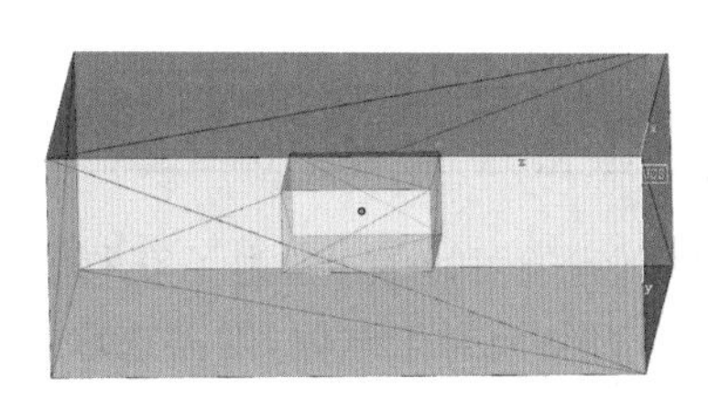

(b)

图 2-14　用 STL 格式显示的三维模型(2)

典型的计算机辅助设计软件都有转换和输出 STL 格式文件的接口,但是,有时输出的三角形会有少量错误,需要进行局部的修改。STL 格式文件最初出现于 1988 年美国 3D Systems 公司生产的 SLA 快速成型机中,它是目前增材制造系统中最常见的一种文件格式,用于将三维模型近似成小三角形平面的组合。

显然,近似精度要求越高,选取的三角形数量也应该越多,但是过高的要求也是不必要的,以免所需三角形的数目和计算机的存储容量过大,数据处理时间过长。表 2-2 和表 2-3 分别以圆柱体及球体为例,说明选取不同的三角形个数时表示的近似误差。其中弦差指的是近似三角形的轮廓边与曲面之间的径向距离。

表 2-2　用三角形近似表示圆柱体的误差

三角形数	弦差/%	表面积误差/%	体积误差/%
10	19.10	6.45	24.32
20	4.89	1.64	6.45
30	2.29	0.73	2.90

续表

三角形数	弦差/%	表面积误差/%	体积误差/%
40	1.23	0.41	1.64
100	0.20	0.07	0.26

表 2-3 用三角形近似表示球体的误差

三角形数	弦差/%	表面积误差/%	体积误差/%
20	83.49	29.80	88.41
30	58.89	20.53	67.33
40	45.42	15.66	53.97
100	19.10	6.45	24.32
500	3.92	1.31	5.18
1000	1.97	0.66	2.26
5000	0.39	0.13	0.53

从以上两个例子可以看出,为了获得小于1%的弦差,对于圆柱体而言,只需选取40个以上的三角形;而对于球体,则需选取1000个以上的三角形。

2.2.1 STL格式文件的规则

1. STL格式文件的错误

STL格式文件的规则如下。

1. 共顶点规则

每个平面小三角形必须与每个相邻的平面小三角形共用两个顶点,即一个平面小三角形的顶点不能落在相邻的任何一个平面小三角形的边上。例如,图2-15(a)表达正确,图2-15(b)表达错误。

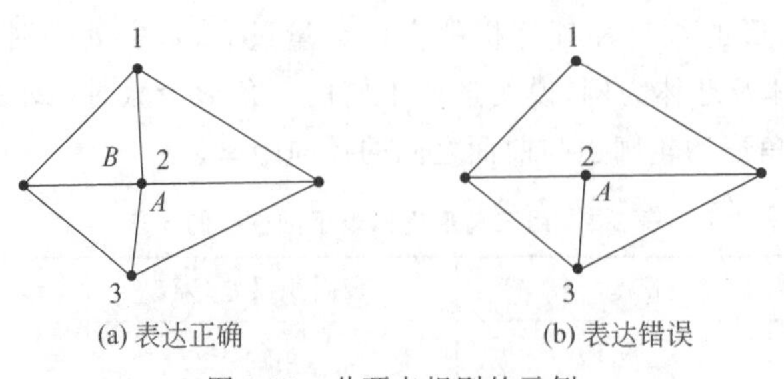

(a) 表达正确　　(b) 表达错误

图 2-15 共顶点规则的示例

2. 取向规则

用平面小三角形中的顶点排序来确定其所表达的表面是内表面或外表面,反时针的顶点排序表示该表面为外表面(图 2-16(a)),顺时针的顶点排序表示该表面为内表面(图 2-16(b))。按照右手法则,当右手的手指从第一个顶点出发,经过第二个顶点指向第三个顶点时,拇指将指向远离实体的方向,这个方向也就是该小三角形平面的法向量方向。而且,对于相邻的小三角形平面,不能出现取向矛盾。根据这个规则可判断,图 2-17(a)表示错误(法向量的取向矛盾),图 2-17(b)表达正确。

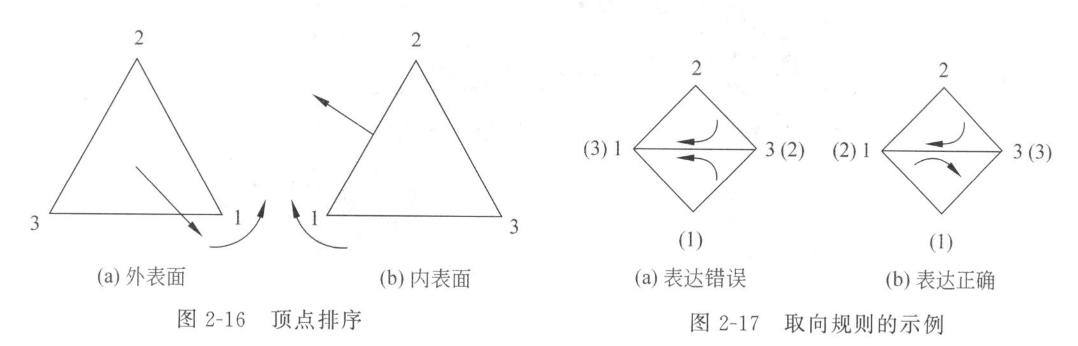

图 2-16　顶点排序

图 2-17　取向规则的示例

3. 取值规则

每个小三角形平面的顶点坐标值必须是正数,零和负数是错误的。

4. 合法实体规则

STL 格式文件不得违反合法实体规则,又称充满规则,即在三维模型的所有表面上,必须布满小三角形平面,不得有任何遗漏(不能有裂缝或孔洞);不能有厚度为零的区域;外表面不能从其本身穿过。

2.2.2　STL 格式文件的错误和纠错软件

1. STL 格式文件的错误

目前,典型的 CAD 软件系统都有产生 STL 格式文件的模块,只需调用这个模块,就能将 CAD 系统构建的三维模型转换成 STL 格式文件,并在屏幕上显示出转换后的 STL 格式模型(即由一系列三角形平面组成的三维模型表面)。然而,由于 CAD 软件和 STL 文件格式自身的问题,以及转换过程造成的错误,所产生的 STL 格式文件难免有少量的缺陷,其中最常见的有以下几种。

(1) 出现违反共顶点规则的三角形。如图 2-15(b)中的顶点 2 落在相邻三角形的边上,违反了共顶点规则,应删除边 A,或者连接顶点 1 和 2(即增补边 B),如图 2-15(a)所示,否则不能顺利进行切片处理。

(2) 出现违反取向规则的三角形。进行 STL 格式转换时,会因未按正确的顺序排列构成三角形的顶点而导致计算机所得法向量的方向相反。为了判断是否正确,可将怀疑有错的三角形的法向量方向与相邻的一些三角形的法向量相比较。

(3) 出现错误的裂缝或孔洞。进行 STL 格式转换时,由于数据输入的误差会造成一个点同时处于多个位置,因此,在显示的 STL 格式模型上,会有错误的孔洞或裂缝(其中无三角形,如图 2-18 所示中的绿色部分),违反充满规则。此时,应在这些孔洞或裂缝中增补若干小三角形平面,从而消除错误。

图 2-18 模型上出现裂缝

(4) 三角形过多或过少。进行 STL 格式转换时,若转换精度选择不当,会出现三角形过多或过少的现象。当转换精度选择过高时,使产生的三角形数量过多,所占用的文件空间量太大,可能超出增材制造系统所能接受的范围,并出现一些莫名其妙的错误,导致成形困难;当转换精度选择过低时,使产生的三角形数量过少,造成成形件的形状、尺寸精度不能满足要求。也可能会遗漏成形件上的微小特征,遇有上述情况时,应适当调整 STL 格式的转换精度。

(5) 微小特征遗漏或出错。当三维 CAD 模型上有非常小的特征结构(如很窄的缝隙、筋条或很小的凸起等)时,可能难以在其上布置足够数目的三角形小平面,致使这些特征结构遗漏或形状出错,或者在后续的切片处理时出现错误、混乱。对于这类问题总是比较难以解决,因为如果要想用更高的转换精度(即更小尺寸和更多数目的三角形小平面),以及更小的切片间隔来克服这类缺陷,必然会使占用的文件空间量更大,造成增材制造系统的困难。

2. STL 格式文件的纠错软件

基于 STL 格式文件的错误,在快速成型机开始工作之前,应对 CAD 系统产生的 STL 格式文件进行检查。目前,已有多种用于观察、纠错和编辑(修改)STL 格式文件的专用软件(见表 2-4)。

表 2-4 观察、纠错和编辑(修改)STL 格式文件的专用软件

软件名称	开发公司	运行环境	功能
Rapid Prototyping Module(RPM)5.0	Imageware USA	UNIX Windows	观察、纠错、编辑(修改),能将模型分成 2 个以上的 STL 文件
Rapid Editor	Desk Artes OyFinland	UNIX	观察、纠错、编辑(修改)
Pogo 3.0	POGO USA	Windows	观察、缩放、移动、复制,STL 与 DXF、OBJ 格式之间的双向转换

续表

软件名称	开发公司	运行环境	功　能
Solid View	Solid Concept USA	Windows	观察、测量、编辑(修改)
Solid View/RP	Solid Concept USA	Windows	取截面、移动、缩放、镜像、复合编辑(修改)
Solid View/RP Master	Solid Concept USA	Windows	Solid View/RP 的功能,修改孔,偏移面
STL/View	Compunix	Windows	图形显示
STL/View 7.0	IgorG.Tebelev	Windows	观察、分析、移动、复制、合并、缩放、镜像,固定实体边界,实体间的布尔运算
MAGICS	Materialise N.V. Belgiun	Windows	观察、测量、变换,为成形做准备,生成支撑结构

下面以 MAGICS 为例来说明这类软件的功能。

(1) 观察(visualisation)。为了更好地了解 STL 格式文件所表达的模型,MAGICS 提供了观察功能。借助这个功能,可以对显示的模型立体阴影图进行如同摄像机控制方式的随意旋转、观察,还可用剖视得到截面,从而观察模型的内部。

(2) 测量(measuring)。在 STL 格式文件所表达的模型上,进行点与点、线与线、弧与弧之间的三维测量,并且打印出测量结果。

(3) 变换(manipulation)。不必返回 CAD 系统,就可对 STL 格式文件所表达的模型进行变换,如布尔(逻辑)运算、分割、减少或增加三角形的数量、复制、镜像和缩放。

(4) 编辑(reparation)。对 STL 格式文件中的错误进行修改,例如缝合、填充裂缝、调整法线方向等。

(5) 为成形做准备(workpreparation)。为了按照要求的方向在快速成型机上制作工件,MAGICS 能对 STL 格式文件所表达的模型进行移动、旋转、套做和切片,并且估计制作时间和报价。

(6) 生成支撑结构(support generation)。提供多种不同的支撑结构及其组合。图 2-19 所示为生成的一种树形支撑结构,这种结构具有节省制作时间、材料和易于剥离的特点。

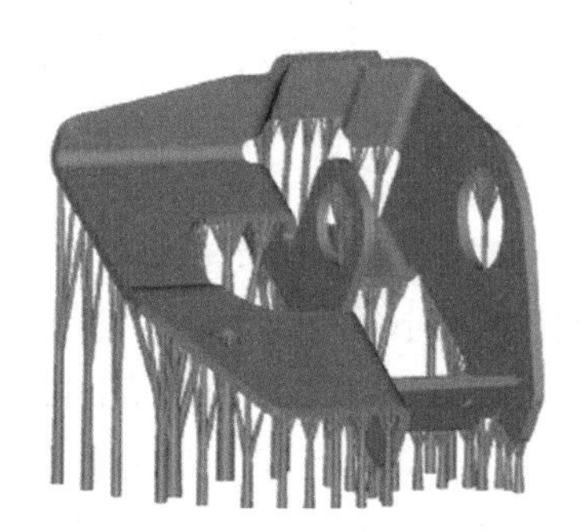

图 2-19　树形支撑结构

2.3 三维模型的切片处理

切片是将模型以片层的方式来描述,无论模型形状多么复杂,对于每一层来说都是简单的平面矢量组,其实质是一种降维处理,即将三维模型转化为二维片层,为分层制造做准备。

2.3.1 成形方向的选择

将工件的三维 STL 格式文件输入快速成型机后,可以用快速成型机中的 STL 格式文件显示软件,使模型旋转,从而选择不同的成形方向。不同的成形方向会对工件品质(尺寸精度、表面粗糙度、强度等)、材料成本和制作时间产生很大的影响。

1. 成形方向对工件品质的影响

一般而言,无论哪种增材制造方法,由于不易控制工件 Z 方向的翘曲变形等原因,使工件的 X-Y 方向的尺寸精度比 Z 方向更易保证,应该将精度要求较高的轮廓(例如有较高配合精度要求的圆柱、圆孔),尽可能放置在 X-Y 平面。

具体地说,对于 SLA 成形①,影响精度的主要因素是台阶效应,Z 向尺寸超差和支撑结构;对于 SLS 成形,无基底支撑结构,使具有大截面的部分易于卷曲,从而会导致歪扭和其他问题。因此,影响其精度的主要因素是台阶效应和基底的卷曲,应避免成形大截面的基底;对于 FDM 成形,为提高成形精度,应尽量减少斜坡表面的影响,以及外支撑和外伸表面之间的接触;对于 LOM 成形,影响精度的主要因素是台阶效应和剥离废料导致工作变形的问题。

对于工件的强度,由于无论哪种增材制造方法都是基于层层材料叠加的原理,每层内的材料结合比层与层之间的材料结合得要好,因此,工件的横向强度往往高于其纵向强度。

2. 成形方向对材料成本的影响

不同的成形方向导致不同的材料消耗量。对于需要外支撑结构的增材制造,如 SLA 和 FDM,材料的消耗量应包括制作支撑结构材料。总材料消耗量还取决于原材料的回收和再使用,对于 SLS 成形,由于工件的体积是恒定的,成形时未烧结的原材料可再使用。因此,无论什么成形方向所需的材料几乎都相同。对于 LOM 成形,由于其废料部分不能再用于成形,因此,材料消耗量与不同成形方向时产生的废料量有很大关系。

3. 成形方向对制作时间的影响

工件的成形时间由前处理时间、分层叠加成形时间和后处理时间三部分构成。其中,前处理是成形数据的准备过程,通常只占总制作时间的很小部分,因此,可以不考虑因成形方向的改变所导致前处理时间的变化。后处理的时间取决于工件的复杂程度和所采用的成形方向。对于无须支撑结构的成形,后处理时间可以看作与成形方向无关。当需要支撑结构时,后处理时间与支撑的多少有关,因此与成形方向有关。成形时间等于层成形

① 相关成形方法将在第 3 章~第 6 章讲到。

的时间及层与层之间处理时间之和，它随成形方向而变化。对于 SLA、SLS 和 FDM 成形，成形时间可以用下面的公式表达。

$$T_f = n \cdot t_w + (V/\Delta Z) \cdot t_u + t_v$$

式中：T_f——总成形时间，s；

n——层数；

t_w——层与层之间的中间处理时间，s；

V——需成形的材料体积，m^3；

ΔZ——层厚，m；

t_u——单位材料面积所需的固化时间，s/m^2；

t_v——成形支撑所用的时间，s。

对于需要支撑结构的成形，不同的工件成形方向可能导致不同的支撑结构的数量，因此会影响成形时间。

如图 2-20(a)所示工件，可有图 2-20(b)、(c)和(d)三种成形方向，当采用不同的成形工艺时，对各种指标的影响分析如下。

(1) 对于 SLA 成形，优化的成形方向如图 2-20(b)所示，采取这种成形方向时，由于支撑结构少，因此材料成本低。

(2) 对于 FDM 成形，优化的成形方向也如图 2-20(b)所示。

(3) 对于 LOM 成形，优化的成形方向如图 2-20(c)所示。采取这种成形方向时，工件的成形高度小，材料成本低。

(4) 对于 SLS 成形，优化的成形方向如图 2-20(d)所示。这是因为，虽然图 2-20(b)和图 2-20(c)所示的成形方向所用材料成本相同，但按图 2-20(d)所示方向成形时高度小，层数少，因此成形时间短，无大截面的基底，防止了大截面的基底成形时的卷曲，因此工件精度较高。

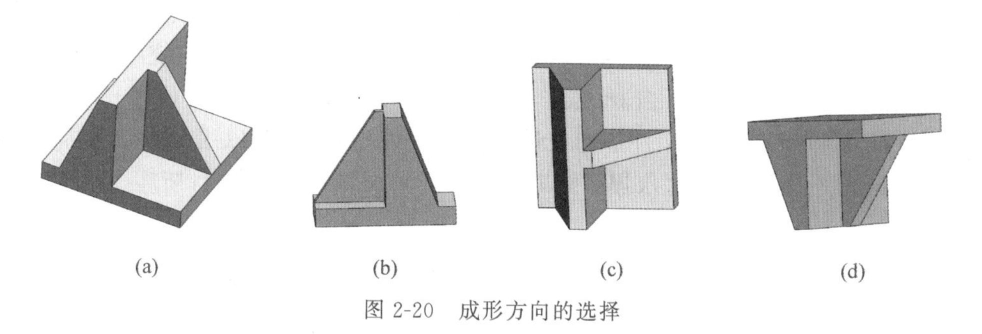

图 2-20　成形方向的选择

2.3.2　增材制造中的主要切片方式

1. STL 切片

1987 年，3D System 公司的 Albert 顾问小组鉴于当时计算机技术软硬件相对落后，便参考 FEM(finite elements method)单元划分和 CAD 模型着色的三角化方法对任意曲面 CAD 模型的表面作小三角形平面近似，开发了 STL 文件格式，并由此建立了从近似模型中进行切片获取截面轮廓信息的统一方法,沿用至今。多年以来,STL文件格式受到越来越多的CAD系统和RP设备的支持,成为增材制造行业事实上的标准,极大地推动了增材制造技术的发展。它实际上就是三维模型的一种单元表示法,它以小三角形平面为基本描述单元来近似表示模型表面。

切片是几何体与一系列平行平面求交的过程,切片的结果将产生一系列实体截面轮廓。切片算法取决于输入几何体的表示格式。STL格式采用小三角形平面近似实体表面,这种表示法最大的优点就是切片算法简单易行,只需要依次与每个三角形求交即可。

在获得交点后,可以根据一定的规则,选取有效顶点组成边界轮廓环。获得边界轮廓后,按照外环逆时针、内环顺时针的方向描述,为后续扫描路径生成的算法处理做准备。

STL文件存在如下问题:数据冗余,文件庞大;缺乏拓扑信息,容易出现悬面、悬边、点扩散、面重叠、孔洞等错误,诊断与修复困难;使用小三角形平面来近似三维曲面,存在曲面误差;大型STL文件的后续切片将占用大量的机时;当CAD模型不能转化成STL模型或者转化后存在复杂错误时,重新造型将使快速原型的加工时间与制造成本增加。正是由于这些原因,不少学者发展了其他切片方法。

2. 容错切片

容错切片(tolerate-errors slicing)基本上避开STL文件三维层次上的纠错问题,直接在二维层次上进行修复。由于二维轮廓信息十分简单,并具有闭合性、不相交等简单的约束条件,特别是对于一般机械零件实体模型而言,其切片轮廓多为简单的直线、圆弧、低次曲线组合而成,因而能容易地在轮廓信息层次上发现错误,依照以上多种条件与信息,进行多余轮廓去除、轮廓断点插补等操作,可以切出正确的轮廓。对于不封闭轮廓,采用评价函数和裂纹跟踪处理,在一般三维实体模型随机丢失10%三角形的情况下,都可以切出有效的边界轮廓。

3. 适应性切片

适应性切片(adaptive slicing)根据零件的几何特征来决定切片的层厚,在轮廓变化频繁的地方采用小厚度切片,在轮廓变化平缓的地方采用大厚度切片,与统一层厚切片方法比较,可以减小 Z 轴误差、阶梯效应与数据文件的长度。其示例如图2-21所示。Dolenc和Makela等在STL文件基础上进行了适应性切片研究,以用户指定误差(或尖锋高度)与法向矢量决定切片层厚,可以处理具有平面区域、尖锋、台阶等几何特征的零件。

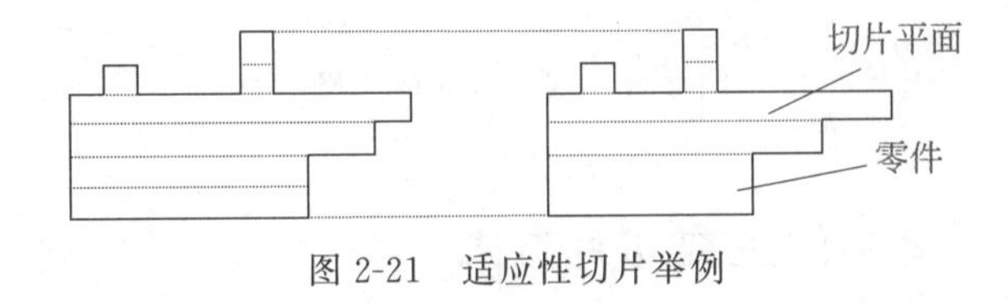

图2-21 适应性切片举例

4. 直接适应性切片

直接适应性切片(direct & adaptive slicing)利用适应性切片思想从CAD模型中直接切片,可以同时减小 Z 轴和 X-Y 平面方向的误差。Suh和Wozny从CAD模型上直接切片，并且根据采样点处的最小垂直曲率和指定的尖锋值来确定切片层厚。Jamieson 和 Hacker 通过比较连续轮廓的边缘来确定切片层厚，当误差大于给定值时切片层厚减半。这种切片方法目前还不成熟，它的发展以直接切片和适应性切片为基础。

5. 直接切片

在工业应用中，保持从概念设计到最终产品的模型一致性是非常重要的。在很多例子中，原始 CAD 模型本来已经精确表示了设计意图，STL 文件反而降低了模型的精度。而且，使用 STL 格式表示方形物体精度较高，表示圆柱形、球形物体精度较差。对于特定的用户，生产大量高次曲面物体，使用 STL 格式，会导致文件巨大，切片费时，迫切需要抛开 STL 文件，直接从 CAD 模型中获取截面描述信息。在加工高次曲面时，直接切片(direct slicing)明显优于 STL 方法。相比较而言，采用原始 CAD 模型进行直接切片具有如下优点：①能减小增材制造的前处理时间；②可避免 STL 格式文件的检查和纠错过程；③可降低模型文件的规模；④能直接采用 RP 数控系统的曲线插补功能，从而可提高工件的表面质量；⑤能提高制件的精度。

通过对利用商用造型软件进行的直接切片研究，可以从任意复杂三维 CAD 模型中直接获取分层数据，将其存储于 PIC 文件中，作为 RP 系统的连接中介。然后驱动 RP 系统工作，完成制件加工过程。直接切片工作流程如图 2-22 所示。

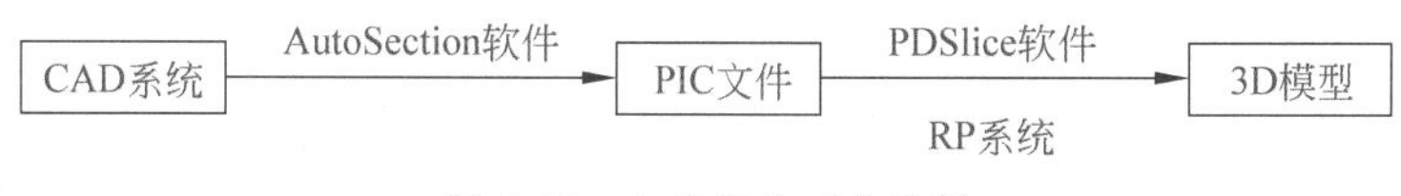

图 2-22 直接切片工作流程

整个直接切片软件由 AutoSection 软件和 PDSlice 软件两部分组成，以 PIC 文件作为中间接口。AutoSection 软件完成从任意模型中提取二维截面轮廓信息的工作，生成直接切片 PIC 文件；PDSlice 软件则是相应的 RP 数据处理软件，对 PIC 文件进行诠释，控制 RP 系统完成模型加工过程，它可用于 SLA、LOM、SLS、FDM 等分层制造工艺中，但直接切片的软件并不成熟，目前还处于进一步研究中。

思考与练习

1. 增材制造工艺在加工前需要进行数据处理，数据处理主要包括哪些步骤？
2. 简述利用反求工程构建三维模型的过程。
3. 构建三维模型的方法有哪些？
4. 简述由 CT 扫描数据构建 CAD 表面模型的主要步骤。
5. STL 格式的数字模型的缺陷主要有哪些？

CHAPTER 3

第3章 光敏材料选择性固化增材制造

本章重点

1. 掌握SLA增材制造的成形原理。
2. 了解SLA增材制造的支撑结构。
3. 熟悉SLA增材制造的优缺点。

本章难点

1. SLA增材制造的成形原理。
2. SLA增材制造的成形过程。

目前，比较成熟的增材制造技术和方法已有十余种，其中最典型的有光敏材料选择性固化增材制造（SLA）、粉末材料选择性烧结增材制造（SLS）、薄性材料选择性切割增材制造（LOM）、丝状材料选择性熔覆增材制造（FDM）等几种。尽管这些增材制造技术与装备所采用的结构和采用的原材料有所不同，但都是基于“材料分层叠加”的成形原理，即用一层层的二维轮廓逐步叠加成三维工件。其差别主要在于二维轮廓制作采用的原材料类型，由原材料构成截面轮廓的方法，以及截面层之间的连接方式。

3.1 SLA增材制造的原理和分类

SLA增材制造技术又称光固化成形技术或立体光刻成形技术（stereo lithography apparatus，SLA/SL），是最早发展起来的增材制造技术。它以光敏树脂为原料，通过计算机控制紫外激光使其凝固成形。这种方法能简捷、全自动地制造出各种加工方法难以制作的复杂立体形态，在加工技术领域中具有划时代的意义。

3.1.1 SLA 增材制造原理

SLA 增材制造装备由液槽、可升降工作台、激光器、扫描系统和计算机数控系统等组成,如图 3-1 所示。其中,液槽中盛满液态光敏聚合物(通常为 20～200L)。带有许多小孔洞的可升降工作台在步进电动机的驱动下能沿高度 Z 方向作往复运动。激光器为紫外(UV)激光器,如氦镉(HeCd)激光器、氩离子(Argon)激光器和固态(Solidstate)激光器,其功率一般为 10～200mW,波长为 320～370nm(处于中紫外至近紫外波段)。扫描系统为一组定位镜,它能根据控制系统的指令,按照每一截面层轮廓的要求作高速往复摆动,从而使激光器发出的激光束反射并聚焦于液槽中液态光敏聚合物的上表面,并沿此面作 X-Y 方向的扫描运动(见图 3-2)。在这一层受到紫外激光束照射的部位,液态光敏聚合物快速固化,形成相应的一层固态截面轮廓。一层固化完毕后,工作台下移一个层厚的距离,以使在原固化好的表面再敷上一层新的液态树脂,然后刮刀将黏度较大的树脂液面刮平,进行下一层的扫描加工,同时新固化的一层牢固地粘结在前一层上,如此重复直至整个零件制造完毕,得到一个三维实体原型。

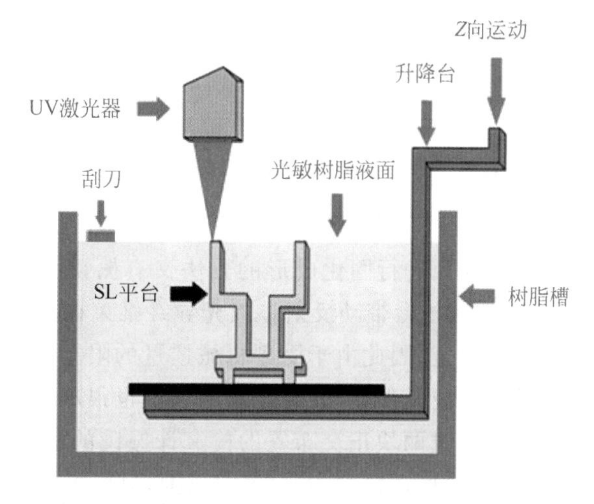

图 3-1 液态光敏聚合物选择性固化型机的原理图

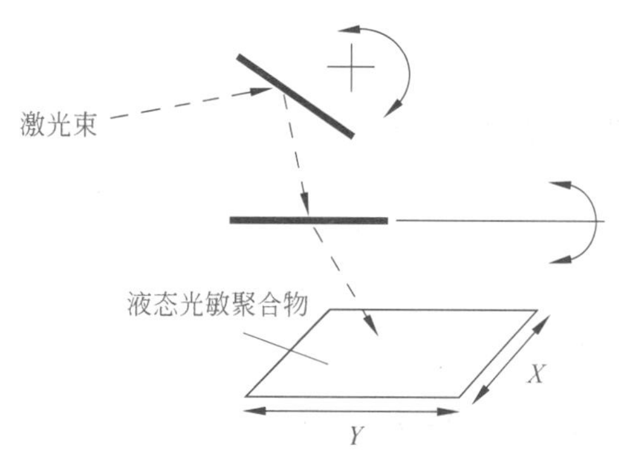

图 3-2 扫描运动

3.1.2 SLA 增材制造的分类

SLA 增材制造按照所用光源的不同,分为紫外激光成形和普通紫外光成形两类,两者的区别是光波的长度不同。对于紫外激光,可由氦镉激光器产生,波长为 325nm;也可以由氩离子激光器产生,波长为 365nm;由低压汞灯产生的光,有多种频谱,其中波长为 254nm 的光谱可以用来固化成形。采用的光源不同,对树脂的要求不同,树脂的组成不同,将表现出不同的吸收峰。目前这三种波长的紫外光在光固化成形中都有应用。利用此两类光源的都属光固化成形,但是,成形的机理不尽相同,前者通过激光束扫描树脂液面使其固化,尤以立体印刷(有的称为立体光刻,英文为 SLA)为代表;后者是利用紫外光照射液态树脂液面使其固化的,以实体成形 SGC(solid ground curing)为代表,确切地说,两者的区别是一次固化的单元不同,前者为点线单元,需对层轮廓进行扫描,而后者为面单元,无须扫描,但是两者都是基于层层堆积而形成三维实体模型的。利用激光扫描固化的成形,根据扫描方式的不同,又分为振镜扫描法和 *X*-*Y* 坐标扫描法。从原理上讲,SLA 和 SGC 方法各有优缺点,参见表 3-1。

表 3-1 几种光固化法的特点对比

固化方法	SLA	*X*-*Y* Plotter	SGC
光路特点	需要动态聚焦镜	不需要动态聚焦镜	光路简单
扫描速度	视树脂性能可以很快	受到限制	—
层固化效率	中等	最慢	最快

利用激光光束进行固化成形的方法又有振镜扫描式和 *X*-*Y* 坐标扫描式。坐标扫描式是通过 *X*-*Y* 数控台带动反射镜或光导纤维束在树脂液面进行扫描,扫描的速度由工作台移动的速度决定,因此由于受到机械惯量的限制扫描速度不可能达到很高,特别对于大尺寸规格的设备更是如此,并且运动的精度也很难保证,同时结构尺寸也将极其庞大。而振镜扫描式是通过两块正交布置的检流计振镜的协调摆动实现激光束的二维扫描,摆动的频率可以很高,摆动角度为±20°的范围,只要增大扫描半径,就可增大扫描的范围。当然,其最大的缺点是非平场扫描,不过有相应配套的动态聚焦镜,而且还有三轴联动的控制器,使用起来还是很方便的。

3.2 SLA 增材制造的基本过程及支撑结构

SLA 增材制造包括 CAD 模型的构建,制造数据的处理,SLA 模型的获取,后处理等过程,本节主要叙述 SLA 增材制造过程中 SLA 模型获取,以及 SLA 模型获取中必须采用支撑结构的特点。

3.2.1 SLA 增材制造的基本过程

激光固化(下文简称光固化)增材制造的过程可以分为下述四个阶段,如图 3-3 所示。

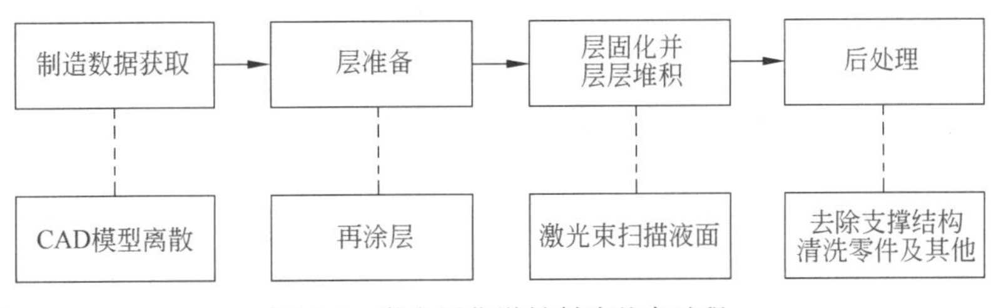

图 3-3　激光固化增材制造基本过程

1. 制造数据获取

由于光固化增材制造技术是基于层堆积概念的，所以，层层制造之前必须获得每一层片的信息，将 CAD 模型数据转换成增材制造装备需要的各种数据。通常是将 CAD 模型沿某一方向分层切片(slice)，从而得到一组薄片信息，包括每一薄片的轮廓信息和实体信息。

目前的分层处理需要先对 CAD 模型作近似处理(tessellation)，转换成标准的 STL 文件格式，然后再进行分层。商用的 CAD 软件都配备了 STL 文件接口，CAD 模型可以直接转换成 STL 文件格式。

2. 层准备

层准备过程是指在获取了制造数据以后，在进行层层堆积成形时，扫描前每一待固化层液态树脂的准备。由于这种层堆积成形的工艺特点，必须保证每一薄层的精度，才能保证层层堆积后整个模型的精度。层准备通常是通过涂层系统(recoating system)来完成的。

层准备有两项要求，一是准备好待固化的一薄层树脂；二是要求保证液面位置的稳定性和液面的平整性。当一薄层固化完后，为满足第二项的要求，这一薄层必须下降一层厚的距离，然后在其表面涂上一层待固化的树脂(recoating)，且维持树脂的液面处在焦点平面不变或在允许的范围内变动，这是因为激光束光斑的大小直接影响到单层的精度及树脂的固化特性，所以必须保证扫描区域内各点光斑的大小不变，同激光束经过一套光学系统聚焦后，焦程就是确定了的。为此，保证光斑大小不变的措施是，使树脂液面处于焦点平面，保证焦点平面内扫描区域各点焦程不变。但是由于用双振镜实现平场扫描时，原理上存在焦程误差，所以必须使用动态聚焦镜来补偿这一误差。焦点平面是指当激光光束垂直照射树脂液面时，光束焦点所在的水平面。在层准备过程中，由于树脂本身的黏性，表面张力的作用以及树脂固化过程中的体积收缩，完成涂层并维持液面不动并非易事。

3. 层固化并层层堆积

层固化是指在层准备好以后，用一定波长的紫外激光按分层所获得的层片信息，以一定的顺序照射树脂液面使其固化为一个薄层的过程。单层固化是堆积成形的基础，也是关键的一步。因此，首先需提供具有一定形状和大小的激光束光斑，然后实现光斑沿液面的扫描。振镜扫描法通过数控的两面振镜反射激光束使其在树脂液面按要求进行扫描，包括轮廓扫描和内部填充扫描，从而实现一个薄层的固化。

层层堆积实际上是前两步层准备与固化的不断重复。在单层扫描固化过程中，除了使本层树脂固化外，还必须通过扫描参数及层厚的精确控制，使当前层与已固化的前一层牢固地粘结在一起，即完成层层的堆积，层层堆积与层固化是一个统一的过程。

4. 后处理

后处理是指整个零件成形完后对零件进行的辅助处理工艺，包括零件的取出、清洗、去除支撑、磨光、表面喷涂以及后固化等再处理过程。有些成形设备需对零件进行二次固化，常称为后固化(post curing)。其原因是树脂的固化性能以及采用不同的扫描工艺，使得成形过程中零件实体内部的树脂没有完全固化(表现为零件较软)，还需要将整个零件放置在专门的后固化装置(post curing apparatus，PCA)中进行紫外光照射，以使残留的液态树脂全部固化，这一过程并非必须，视树脂的性能及工艺而定。

SLA 增材制造过程如图 3-4 所示。

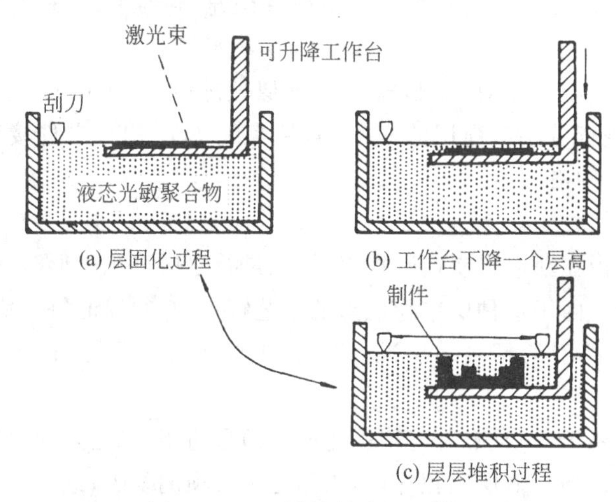

图 3-4 SLA 增材制造过程简图

3.2.2 SLA 增材制造的支撑结构

在 SLA 成形过程中，由于未被激光束照射部分的材料仍为液态，它不能使制件截面上的孤立轮廓和悬臂轮廓定位；零件的底面以及一定角度下的倾斜面在制作过程中均会发生较大的变形。为了确保制件的每一部分可靠固定同时减少制件的翘曲变形，仅靠调整制作参数远不能达到目的，必须设计并在加工中制作一些柱状或筋状的支撑结构。

根据零件不同的表面特征和支撑的不同作用在制作过程中应设计不同的支撑结构形式，目前在 SLA 中经常使用的有以下几种形式的支撑。

1. 角板式支撑

角板式支撑的结构形式如图 3-5(a)所示，角板式支撑主要用来支撑悬臂结构部分，角板的一个臂和垂直面连接，一个臂和悬臂部分连接为悬臂面在制作过程中提供支撑，同时也可以约束悬臂部分上翘变形。

2. 投射特征边式支撑

投射特征边式支撑的结构如图 3-5(b)所示。投射特征边式支撑用来对那些角板支撑不能达到的悬臂结构提供支撑,一般和壁板结构支撑结合使用。这种结构的支撑是用来支撑零件某些结构的边,以防止这些特征的变形和翘曲。

3. 单壁板式支撑

单壁板式支撑的结构如图 3-5(c)所示。这种支撑结构主要是针对那些长条结构特征设计的,其主柱是沿着零件结构特征的中心线,或边的投射线,其次柱主要是为了加强支撑的稳定性。单壁板式支撑结构在悬吊边结构成形中得到了很好的应用。

4. 壁板式支撑

壁板式支撑结构如图 3-5(d)所示。这种结构的支撑是一些十字交叉的壁结构,它主要是为大的支撑区域提供内部支撑,它和这些区域的投射边结构相连接,以提供稳定的支撑。它可以为底面、悬吊面、悬吊结构等提供良好的内部支撑。在使用壁板结构支撑时,应避免它和零件的垂直壁接触以提高零件垂直壁的表面粗糙度。

5. 柱形支撑

柱形支撑的结构如图 3-5(e)所示。柱形支撑主要是为零件中的孤立轮廓(孤岛特征)或一些小的无支撑结构特征提供支撑。在使用这些结构支撑时,壁的厚度要足以使其具有足够的稳定性,悬吊点在制作时常使用这种支撑结构。

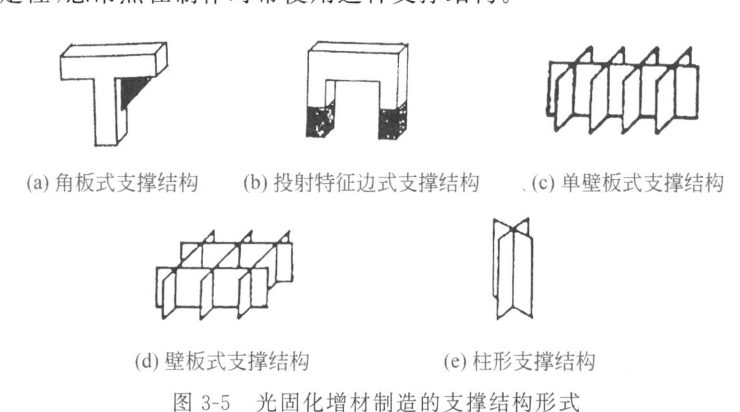

图 3-5 光固化增材制造的支撑结构形式

支撑在零件的制作中起着重要作用,它能约束零件的变形,并使零件的制作顺利进行。现在有不少科研单位或个人对支撑自动生成技术或支撑交互实现方法进行了大量的研究,并取得了一定的研究成果,这使得在零件增材制造过程中大大减少了工人的劳动强度,有效地避免了人工支撑的漏失和错误,提高了零件增材制造的质量。

3.3 SLA 增材制造的材料及选择

SLA 增材制造技术是以光敏树脂(又称光固化树脂)为成形材料的。成形材料的性能会直接影响成形件的质量,成形件的精度及加工过程中出现的各种变形都与成形材料有密切的关系,因此,成形材料往往是 SLA 增材制造的关键问题。

3.3.1 对SLA增材制造材料的要求

光固化成形材料需具备两个最基本的条件,能否成形及成形后的形状、尺寸精度。具体来说,应满足以下条件。

① 成形材料易于固化,且成形后具有一定的粘结强度。

② 成形材料的黏度不能太高,以保证加工层平整并减少液体流平时间。

③ 成形材料本身的热影响区小,收缩应力小。

④ 成形材料对光有一定的透过深度,以获得具有一定固化深度的层片。

3.3.2 SLA增材制造材料的分类

光固化树脂材料中主要包括齐聚物、反应性稀释剂及光引发剂。根据引发剂的引发机理,光固化树脂可以分为三类:自由基光固化树脂、阳离子光固化树脂和混杂型光固化树脂(SLA工艺的新型材料)。

1. 自由基光固化树脂

自由基齐聚物主要有三类:环氧树脂丙烯酸酯、聚酯丙烯酸酯和聚氨酯丙烯酸酯。环氧树脂丙烯酸酯聚合快,最终产品强度极高但脆性较大,产品易泛黄。聚酯丙烯酸酯的流平性好,固化好,性能可调节。聚氨酯丙烯酸酯可赋予产品柔顺性与耐磨性,但聚合速度较慢。稀释剂包括多官能度单体和单官能度单体两类。此外,常规的添加剂有阻聚剂、UV稳定剂、消泡剂、流平剂、光敏剂、燃料、天然色素、填充剂和惰性稀释剂等。其中的阻聚剂特别重要,因为它可以保证液态树脂在容器中具有较长的存放时间。

2. 阳离子光固化树脂

阳离子光固化树脂的主要成分为环氧化合物。用于SLA工艺的阳离子型齐聚物和活性稀释剂,通常为阳离子和乙烯基醚。阳离子是最常用的阳离子型齐聚物,它具有以下优点。

(1) 固化收缩小,产品精度高。

(2) 黏度低,生产坯件强度高。

(3) 阳离子聚合物是活性聚合,在光熄灭后可以继续引发聚合。

(4) 氧气对自由基聚合有阻聚作用,而对阳离子树脂则无影响。

(5) 产品可直接用于注塑模具。

3. SLA增材制造的新型材料

过去,光固化成形的主要材料是自由基光固化树脂和阳离子光固化树脂。由于自由基光固化树脂和阳离子光固化树脂为材料生产出来的原型存在易发生翘曲变形等缺点,有不少科研单位和个人致力于开发新型的光固化成形材料,并取得了不小的研究成果。

(1) 混杂型光敏树脂

西安交通大学先进制造研究所在深入研究自由基型光敏树脂和阳离子光敏树脂特性的基础上,以固化速度快的自由基光敏树脂为骨架结构,以收缩、翘曲变形小的阳离子光敏树脂为填充物，制成混杂型光敏树脂。混杂型光敏树脂的主要优点有，可以提供诱导期短而聚合速度稳定的聚合物；可以设计成无收缩的聚合物；保留了阳离子在光消失后仍可继续引发聚合的特点。

采用混杂型光敏树脂作为 SLA 成形的原材料，可以得到精度比较高的原型零件。

(2) 功能性光敏树脂

目前光固化增材制造工艺所用的材料缺乏合适的性能，使得该工艺无法直接成形具有功能性的零件(如具有导电性、导磁性等)，加工出的零件一般只能作为模型，严重阻碍了这种先进技术的推广和应用。在这种情况下，研究增材制造的科研单位开发出了功能性的光敏树脂。如利用不同的填料、不同的工艺方法开发出不同的导电性光固化复合材料。

未来对光敏树脂的研究与开发应朝着以下方向发展。

① 开发低收缩率、低翘曲、高固化速度的光敏树脂，在保证成形精度的同时能得到较高的加工速度。

② 开发功能性(导电性、导磁性、更好的力学性能)的光敏树脂，以便直接使用和进行功能测试。

③ 开发无毒害、无污染的环保产品。

3.3.3 SLA 增材制造材料的选择

目前，DMS、Formlabs 和 DuPont 等公司都生产光敏聚合物，其牌号与性能见表 3-2。

表 3-2 光敏聚合物牌号与性能

性能	牌号					
	中等强度的聚苯乙烯(PS)	耐中等冲击的模注ABS	DMS SOMOS Next	DMS SOMOS Gp plus	Allied Sipnal Exactomer 5201	Formlabs Form 1+
抗拉强度/MPa	50.0	40.0	41	47.6	47.6	61.5
弹性模量/MPa	3000	2200	2374	2650	1379	2700

SLA 增材制造装备也采用一些树脂直接制作模具，见表 3-3。这些材料在固化后有较高的硬度、耐磨性和制件精度，其价格较低。

表 3-3 环氧基树脂的牌号与性能

性能	牌号										
	Ultra 10122	EvoLVe 128	HS 671	HS 672	HS 673	HSX A-4	HS 660	HS 661	HS 662	HS 663	HS 666
抗拉强度/MPa	55～56	56.8	29	48	67	35	60	41	37	12	6
弹性模量/MPa	2410～2570	2654	2746	2648	3334	1863	3236	2354	2059	481	69

此外，SLA 型增材制造还采用一些合成橡胶树脂作原材料，见表 3-4。其中的 SCR 310 在成形时有较小的翘曲变形。

表 3-4 合成橡胶树脂的牌号与性能

性能	牌号				
	SCR 100	SCR 200	SCR 500	SCR 310	SCR 600
抗拉强度/MPa	31	59	59	39	32
弹性模量/GPa	1.2	1.4	1.6	1.2	1.1

3.4 SLA 增材制造的优点与缺点

SLA 法成形工艺灵活，由于激光束光斑大小可以控制，所以特别适合成形具有微细结构的零件。SGC 法的单层成形效率是很高的，但是因为零件的每一不同截面都需制作一漏光板(mask)，其整个成形过程工序多，设备复杂，仅制作漏光板这一项任务就需要多道工序，如再考虑漏光板的重复利用，工序更多。所以，导致整个设备的可靠性变差。下面具体说明该成形方法的优缺点。

3.4.1 SLA 增材制造的优点

(1) 可成形任意复杂形状零件。可成形任意复杂形状零件包括如图 3-6 所示中空类零件；零件的复杂程度与制造成本无关，且零件形状越复杂，越能体现出 SLA 增材制造的优势。

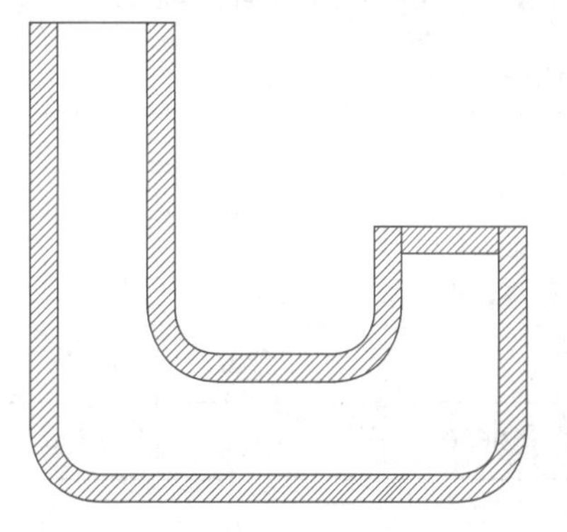

图 3-6 中空类零件

(2) 零件的成形周期与其复杂程度无关，常规的机械加工方法是零件形状越复杂，工模具制造周期越长，困难越大，而 SLA 成形，采用的是分层叠加方法。因此，成形周期与其形状无关。

(3) 成形精度高，可成形精细结构，如厚度在 0.5mm 以下的薄壁、小窄缝等细微的结构。成形体的表面质量光滑度好。

(4) 成形过程高度自动化，基本上可以做到无人值守，不需要高水平操作人员。

(5) 成形效率高。例如成形一套手机壳体零件仅需 2～4h。

(6) 成形材料利用率接近 100%。

(7) 成形无须刀具、夹具、工装等生产准备，不需要高水平的技术工人，成形件强度高，可达 40～50MPa，可进行切削加工和拼接。

(8) 彻底解决了 CAD 造型中看得见、摸不着的问题。

3.4.2 SLA 增材制造的缺点

(1) 需要设计支撑结构，才能确保在成形过程中制件的每一个结构部分都能可靠定位。

(2) 须对整个截面进行扫描固化,因此成形时间较长。为了节省成形时间,对于封闭轮廓线内的壁厚部分,可不进行全面扫描固化,而只按网格线扫描,使制件有一定的强度和刚度,待成形完成,从成形机上取出工件后,再将工件放入大功率的紫外箱中进行后固化(一般需 16h 以上),以便得到完全固化的工件。

(3) 成形过程中有物相变化,所以制件较易翘曲,尺寸精度不易保证,往往需要进行反复补偿、修正。制件的翘曲变形也可以通过支撑结构加以改善。

(4) 产生紫外激光的激光管寿命仅 2000h 左右,价格昂贵。

(5) 液态光敏聚合物固化后的性能尚不如常用的工业塑料,一般较脆,易断裂,工作温度通常不能超过 100℃,许多还会被湿气侵蚀,导致工件膨胀;抗化学腐蚀的能力不够好,价格昂贵(每千克 143～240 美元)。

(6) 固化过程中会产生刺激性气体,有污染,对皮肤过敏,因此机器运行时成形腔室部分应密闭。

3.5　典型 SLA 增材制造设备简介

西安交通大学是我国最早研制光固化增材制造技术的单位之一,其成功研制开发的 SPS-600 型光固化增材制造机,是 SLA 增材制造技术的典型设备,如图 3-7 所示。经中国模具工业协会技术委员会评定,其水平已基本达到国际同类产品的水平,且价格只有进口价格的 1/4～1/3,基本可以代替进口。

图 3-7　SPS-600 型光固化增材制造机

SPS-600 型光固化增材制造机采用混合式步进电动机,配合细分驱动电路,与滚珠丝杠直接连接实现高分辨率驱动,省去了中间的齿轮传动级。丝杠导程为 5mm,步进电动机步距角为 1.8 度,采用 10 细分,系统脉冲当量为 2.5μm。最大步距角误差为 5%,由此带来的最大误差为 1.25μm,且步进电动机运行一周,误差归零,无误差积累。经双频激光双频干涉仪测试和标定,500mm 范围内的全程定位精度为 0.03mm,双重复定位精度为 0.003mm,而一般层厚多为 0.1～0.2mm,因此,由托板带来的 Z 向误差完全可以忽略不计。SPS-600 型光固化增材制造机的加工精度较高。

SPS-600 型光固化增材制造机的主要技术参数如下。

加工尺寸：600mm×600mm×400mm；

加工精度：±0.1mm 或±0.1%；

加工层厚：0.05～0.2mm；

激光器波长：354.7nm；

激光器功率：300mW；

成形速度：80g/h；

光斑直径：0.15mm；

扫描速度：10m/s；

数据格式：STL,适于 AutoCAD、Pro/E、UG 等流行 CAD 软件；

动力：3kW,380V,50Hz,AC；

外形尺寸：1.9m×1.2m×2.2m。

SPS-600 型光固化增材制造机除具有前述 SLA 的优点之外,还有以下优点。

① 成形设备购置成本低。

② 软件全汉化界面,操作简便。

③ 关键部件采用进口器件,性能可靠。

④ 性能价格比优。

思考与练习

1. 如果利用 SLA 方法进行加工,请说出图 3-8 中两个零件的最优加工方向,为什么?

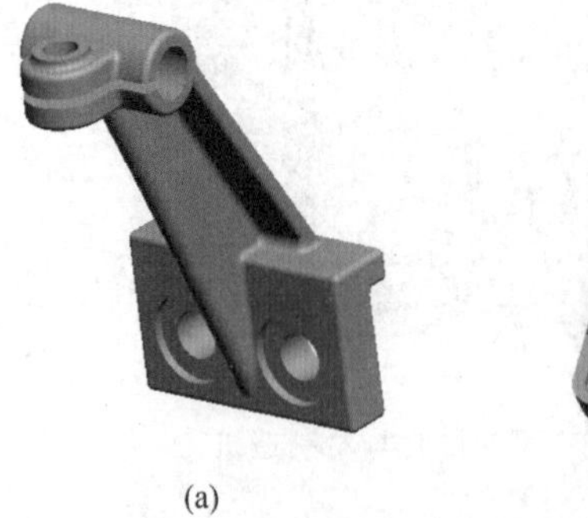

(a)

(b)

图 3-8 习题 1

2. 简述 SLA 的成形原理。
3. 简述 SLA 成形的优缺点。

4. SLA 成形法采用哪种类型的激光器？为什么必须采用这种激光器？它会带来什么问题？

5. SLA 成形过程中，为什么必须采用支撑结构？常用的支撑结构有哪几种？

6. SLA 成形过程中，成形方向的选择主要考虑哪些因素？

7. 影响 SLA 增材制造加工时间的因素有哪些？

CHAPTER 4

粉末材料选择性烧结增材制造

本章重点

1. 掌握 SLS 增材制造的成形原理。
2. 熟悉 SLS 增材制造的成形过程。
3. 熟悉 SLS 增材制造的后处理方法。
4. 熟悉 SLS 增材制造常用的成形材料及其特点。

本章难点

1. 如何提高 SLS 增材制造的成形精度。
2. SLS 增材制造的成形原理和成形过程。

粉末材料选择性烧结增材制造又称为选区激光烧结增材制造(selective laser sintering,SLS)。由美国得克萨斯大学奥汀分校的 C.R. Dechard 于 1989 年研制成功。该方法已被美国 DTM 公司商品化。

4.1 SLS 增材制造的原理与影响因素

SLS 增材制造是利用粉末材料(金属粉末或非金属粉末)在激光下烧结的原理,在计算机控制下层层堆积成形。SLS 的原理与 SLA 非常相像,主要区别在于所使用的材料及其形状。

4.1.1 SLS 增材制造成形原理

SLS 增材制造技术的原理如图 4-1 所示。它采用 50～200W 的 CO_2 激光器(或 Nd: YAG 激光器,波长一般为 1.06μm,即 1060nm,处于近红外波段)和粉末状材料(如尼龙粉、聚碳酸酯粉、丙烯酸类聚合物粉、聚氯乙烯粉、混有 50%玻璃珠的尼龙粉、弹性体聚合物粉、热硬化树脂与砂的混合粉、陶瓷或金属与粘结剂的混合粉,以及金属粉等),粉粒直径为 50~125μm。成形时,先在工作台上用辊筒铺一层加热至略低于熔化温度的粉末材料,然后,激光束在计算机的控制下,按照截面轮廓的信息,对实心部分所在的粉末进行扫描,使粉末的温度升到熔化点,于是粉末颗粒交界处熔化,粉末相互粘结,逐步得到本层轮廓。在非烧结区的粉末仍呈松散状,作为工件和下一层粉末的支撑。一层成形完成后,工作台下降一截面层的高度,再进行下一层的铺料和烧结,如此循环,直至完成整个三维原型。

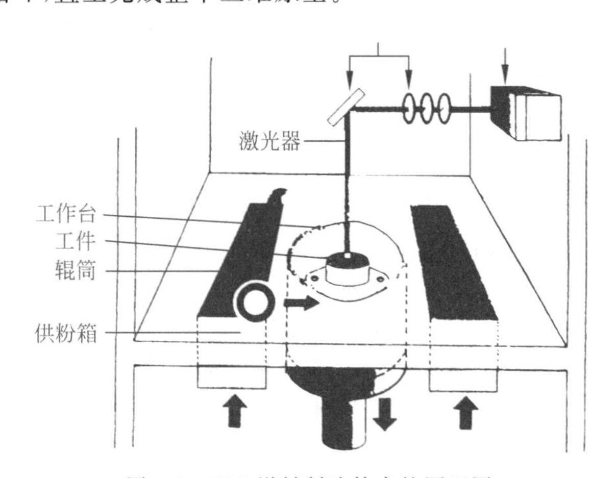

图 4-1 SLS 增材制造技术的原理图

在开始扫描前,成形缸先下降一个层厚,供粉缸上升一个高度,铺粉辊子从左边把供粉缸上面的一层粉末推到成形缸上面,并铺平,多余的粉末落入回收槽。激光按照第一层的截面及轮廓信息进行扫描,当激光扫描到粉末时,粉末在高温状态下瞬间熔化,使得相互之间粘结在一起,没有扫描的地方依然是松散的粉末,当完成第一层烧结后,工作台再下降一个层厚,供粉缸上升一个高度,铺粉辊子进行铺粉,激光进行第二层扫描,这样直到整个零件烧结完成。

当零件烧结完成后,升起成形缸取出零件,清理表面的残余粉末,一般通过激光烧结后的零件强度比较低,而且疏松多孔,根据不同的需要可以进行不同的后处理得到接近使用性能的工件。

4.1.2 SLS 增材制造烧结机理

SLS 增材制造的烧结机理可以分为四大类:固相烧结、化学烧结、液相烧结和部分熔化及完全熔化。虽然把 SLS 增材制造的烧结机理分为了四大类,但是每一种烧结过程中同时伴随着其他几种烧结的进行。

1. 固相烧结

固相烧结的温度范围是粉末材料的 1/2 熔点和熔点之间,在这个过程中伴随着各种物理和化学反应,最重要的是形成扩散。它发生在相邻的粉末之间,这种驱动力会使较低自由能的粉末之间通过颈连接起来。这种烧结机理适用于陶瓷粉末和部分金属粉末。

2. 化学烧结

化学烧结在现有的激光粉末烧结中用的较少,但事实证明它对于聚合物、金属及陶瓷材料都是可行的。如在氮气气氛中进行铝粉的烧结,氮气和铝粉发生反应生成氮化铝来连接铝粉,使烧结不断继续。

3. 液相烧结和部分熔化

液相烧结和部分熔化包含一部分粘结剂机制,即一些粉末材料被熔化而其他部分仍保持固态。熔化的材料在强烈的毛细作用力下,在固态粉末颗粒之间迅速扩展将它们连接在一起。

4. 完全熔化

完全熔化适用于通过高能量的激光,使其作用在金属粉末上面,可以完全熔化,得到致密的实体零件,通过此方法获得的金属零件的致密度可以达到99.9%。

4.1.3 SLS增材制造的激光扫描系统

激光扫描系统由激光器、激光器电源、激光扫描系统构成。

激光器的作用是为烧结提供能量。一般用于SLS增材制造的激光器有波长1.06μm的CO_2激光器和波长为1.06μm的YAG脉冲激光器,其功率为45～200W。

激光扫描系统的主要功能是将激光能量传输到待加工粉末表层,熔融固化粉末材料形成扫描层面。目前,SLS增材制造主要采用X-Y直线导轨和振镜扫描。激光烧结成形过程中,为保证较好的烧结表面质量和烧结精度,一般要求扫描速度在6m/min以上。扫描参数直接影响烧结件质量。烧结件的强度主要取决于面内强度和层与层之间的粘结强度,面内强度和层间的粘结又取决于光斑直径的大小及光点间的距离。此外,内应力的大小也与扫描间距有关。扫描方式的不同则会影响加工强度,内应力及变形,扫描速度对成形速度和强度也有一定影响。

4.1.4 SLS增材制造工艺参数的影响

SLS增材制造的工艺参数主要包括铺粉层厚、预热温度、激光功率、光斑直径、扫描速度、扫描方向等,对有后处理的过程,工艺参数还包括后处理的温度和时间,而成形质量主要由零件的强度、密度和精度来衡量。

激光烧结成形系统所用的材料主要是尼龙、精铸蜡粉等热塑性粉末材料或其与金属、陶瓷的混合粉末材料。在激光烧结过程中,热塑性粉末材料受激光加热作用,要由固态变为熔融态或半熔融态,然后再冷却凝结为固态。在上述过程中会产生体积收缩,使成形工件尺寸发生变化,因收缩还会在工件内产生内应力,再加上相邻层间的不规则约束,以致工件产生翘曲变形,严重影响成形精度。改进材料配方,开发低收缩率、高强度的材料是提高成形精度的有效方法。

1. 激光能量与扫描速度

激光的能量与扫描速度对SLS增材制造烧结成形零件的机械性能有着重要的影响。

成形零件的致密度和强度随着激光输出能量的加大而增高，随着扫描速度的增大而变小。低的扫描速度和高的激光能量能达到较好的烧结结果，是因为瞬间高的能量密度使粉末材料的温度升高、熔化，导致大量的液相生成，同时高的温度也使熔化液相的黏度降低，流动性增强，能更好地浸润固相颗粒，如上面的分析一样，更有利于烧结成形，而且提高了成形零件的性能。但高的激光能量密度也会在成形零件内部产生大的应力作用，矛盾总是成对出现。

2. 预热温度与铺粉层厚

无论烧结成形金属、陶瓷以及聚合物等任何材料，粉末的预热都能明显地改善成形制品的性能质量。但是预热温度最高不能超过粉末材料的最低熔点或塑变温度。薄的铺粉层能提高烧结的质量，改善制品的致密度。铺粉层厚是由模型切片的厚度参数控制的，最小的层厚是由粉末材料的颗粒尺寸大小决定的。但薄的铺粉层会使激光能量对先前烧结层产生大的影响。

3. 填充间距对制件强度的影响

随着填充间距的增大，制件的强度会降低，精度会提高一些，但当填充间距较大时，就会导致轮廓处由于偏移量或多或少而导致误差的产生。

4. 分层厚度对制件强度的影响

随着分层厚度的增大，制件的强度降低，精度有所提高（不包括阶梯效应所产生的误差），一般为了获得比较好的制件效果和表面质量，通过选择小的层厚，降低由阶梯效应产生的误差。

直接烧结成形出高性能的金属、陶瓷零件是 SLS 增材制造的最终目标。目前而言，SLS 增材制造直接成形陶瓷、金属零件还处于研究阶段，应用于实践还有一定的距离。现阶段的应用，大多采用金属、陶瓷粉末与粘结剂混合的方法，对后处理工艺有很高的要求，零件的实用性也有待进一步突破。采用低熔点材料与高熔点材料混合液相烧结的方法，能进一步提高成形制品的功能。

4.2 SLS 增材制造的成形过程

针对不同的成形材料，SLS 增材制造的成形过程不同。塑料粉末直接烧结塑料粉，陶瓷粉末是对粘结剂烧结，金属材料 SLS 根据材料的熔点不同，选择对金属粉末烧结，或者混合粉末烧结，不同的烧结形式对应相应的后处理环节。

4.2.1 SLS 增材制造的烧结

SLS 增材制造工艺的原材料一般为粉末，可选用的粉末一般为金属粉末、陶瓷粉末和塑料粉末等，分别制造出相应材料的原型或零件。

1. 金属粉末的烧结

以金属粉末为原材料，经过 SLS 增材制造工艺可以烧结成金属原型零件，目前直接由 SLS 增材制造工艺烧结成的金属零件在强度和精度上很难都达到理想的结果。

用于 SLS 增材制造工艺的金属粉末主要有三种：单一金属粉末、金属混合粉末、金属粉末与有机物粉末等。相应地，金属粉末的选择性烧结方法也有三种。

(1) 单一金属粉末的烧结

先将金属粉末预热到一定温度，再用激光束扫描、烧结。烧结好的制件经热等静压处理，可使最后零件的密度达到99.9%。

(2) 金属混合粉末的烧结

主要是由较低熔点的金属和较高熔点的金属两种金属粉末的混合。先将金属混合粉末预热到一定的温度，再用激光束进行扫描，使低熔点的金属粉末熔化，将高熔点的金属粘结在一起。烧结好的制件再经液相烧结后处理，最后制件的密度可达到82%。

(3) 金属粉末与有机粘结剂粉末的混合体烧结

将金属粉末和有机粘结剂按一定比例均匀混合，激光束扫描后使有机粘结剂熔化，熔化的有机粘结剂可以将金属粉末粘结在一起。烧结好的制件再经过高温后续处理，一方面能除去制件中的有机粘结剂，另一方面可以提高制件的耐热强度和力学强度，并能增加制件内部组织和性能的均匀性。

2. 陶瓷粉末的烧结

陶瓷材料在进行选择性烧结时需要加入粘结剂。常用的陶瓷粉末材料有 Al_2O_3 和 SiC，粘结剂主要有无机粘结剂、有机粘结剂和金属粘结剂三种。

几种常用的陶瓷粉末烧结过程如下。

(1) $NH_4H_2PO_4$ 助 Al_2O_3 的烧结

常温下 $NH_4H_2PO_4$ 是固态粉末晶体，熔点为190℃，Al_2O_3 的熔点很高，为2050℃。$NH_4H_2PO_4$ 在熔点以上会发生分解，生成 P_2O_5，P_2O_5 会和 Al_2O_3 发生反应，生成 $AlPO_4$，$AlPO_4$ 是一种无机粘结剂，用于粘结 Al_2O_3 陶瓷。$NH_4H_2PO_4$ 和 Al_2O_3 的配比一般为1∶4(质量比)，Al_2O_3 过量，大部分 Al_2O_3 未发生反应。反应生成的 $AlPO_4$ 包围 Al_2O_3 在周围，将它们粘结在一起。

(2) PMMA 助 Al_2O_3 的烧结

将 Al_2O_3 粉末和 PMMA 粉末按某一比例均匀混合，控制好激光参数，使激光束扫描到的区域内 PMMA 熔化，将 Al_2O_3 粉末粘结在一起。之后，对激光烧结的制件进行后续处理以除去 PMMA。

(3) Al 助 Al_2O_3 的烧结

将 Al 与 Al_2O_3 以一定比例均匀混合，控制好激光参数，使激光束扫描到的区域内 Al 熔化，熔化的 Al 将 Al_2O_3 粉末粘结在一起。也有一部分 Al 在激光烧结过程中氧化成 Al_2O_3，同时释放大量的热量，这些热量又促进 Al_2O_3 熔融、粘结。这也是一种自蔓延烧结过程。

3. 塑料粉末的烧结

将塑料粉末预热至稍低于其熔点，然后控制激光束加热粉末，使其达到烧结温度，从而把塑料粉末烧结在一起，其他步骤和陶瓷粉末的烧结相同。塑料粉末的烧结为直接激光烧结，烧结好的制件一般不需要进行后续处理。

4.2.2 烧结件的后处理

粉末材料经过选择性激光烧结后只是形成了原型或零件的坯体，为了提高其力学性能和热学性能，还需要对其进行后处理。烧结件的后处理方法有多种，如高温烧结、热等静压烧结、熔浸和浸渍等。根据不同材料坯体和不同的性能要求，可以采用不同的后处理方法。

1. 高温烧结

金属和陶瓷坯体均可用高温烧结的方法进行处理。坯体经高温烧结后，坯体内部孔隙减少，密度、强度增加，性能也得到改善。

在高温烧结后处理中，升高温度有助于界面反应，延长保温时间有利于通过界面反应建立平衡，使制件的密度、强度增加，均匀性和其他性能得到改善。

美国的 Badrinarayan 和 Barlow 对青铜/PMMA 混合粉末的烧结件进行了高温烧结后处理，先在 400℃下熔烧 1h，使零件的 PMMA 逐渐分解消除，再对零件进行高温烧结。高温烧结炉中温度最高在 900℃以上，烧结气氛为氢气。

高温烧结后处理后，由于制件内部空隙减少会导致体积收缩，影响制件的尺寸精度。炉内温度梯度不均匀会造成制件各个方向收缩不一致而发生翘曲变形。

2. 热等静压

金属和陶瓷坯体均可采用热等静压进行后处理。热等静压后处理工艺是通过流体介质将高温和高压同时均匀地作用于坯体表面，消除其内部气孔，提高密度和强度，并改善其他性能。使用温度范围为 $0.5T_m \sim 0.7T_m$（T_m 为金属或陶瓷的熔点），压力为 147MPa 以下，要求温度均匀、准确、波动小。热等静压处理包括三个阶段：升温、保温和冷却。采用热等静压后处理方法可以使制件非常致密，这是其他后处理方法难以得到的，但制件的收缩也较大。

3. 熔浸

熔浸是将金属或陶瓷制件与另一低熔点的金属接触或浸埋在液态金属内，让液态金属填充制件的孔隙，冷却后得到致密的零件。在熔浸后处理过程中，制件的致密化过程不是靠制件本身的收缩，而主要是靠易熔成分从外面补充填满空隙，所以，经过这种后处理得到的零件致密度高，强度大，基本不产生收缩，尺寸变化小。

4. 浸渍

浸渍后处理和熔浸相似，不同的是浸渍将液态非金属物质浸入多孔的选择性激光烧结坯体的孔隙内，经过浸渍后处理的制件尺寸变化很小。

4.3 SLS 增材制造的材料及其选择

SLS 增材制造工艺应用较广，而且可以直接成形金属，因此可供 SLS 使用的材料也较多，针对具体的工艺方案，对于成形材料的要求也不同。

4.3.1 SLS 增材制造对材料性能的要求

由成形原理可知，SLS 增材制造工艺激光对材料的作用本质上是一种热作用，所以，从理论上讲，所有受热后能相互粘结的粉末材料或表面覆有热塑（固）性粘结剂的粉末都能作为 SLS 增材制造的材料。但要真正适合 SLS 增材制造烧结，要求粉末材料应满足以下要求。

（1）具有良好的烧结成形性能，即无须特殊工艺即可快速精确地成形原型。

（2）对直接用作功能零件或模具的原型，其力学性能和物理性能（强度、刚性、热稳定性、导热性及加工性能)要满足使用要求。

(3) 当原型间接使用时,要有利于快速、方便的后续处理和加工工艺。

4.3.2 SLS 增材制造材料的种类

用于 SLS 增材制造工艺的材料是各种粉末,如金属、陶瓷、石蜡以及聚合物的粉末,如尼龙粉、覆裹尼龙的玻璃粉、聚碳酸脂粉、聚酰胺粉、蜡粉、金属粉(成形后常需进行再烧结和渗铜处理)、覆裹热凝树脂的细沙、覆蜡陶瓷粉和覆蜡金属粉等,近年来更多地采用复合粉末。

工程上一般按粒度的大小来划分颗粒等级,见表 4-1。SLS 增材制造工艺采用的粉末粒度一般为 50～125μm。

表 4-1 工程上粉末颗粒等级划分及相应的粒度范围

粉体等级	粒度范围	粉体等级	粒度范围
粒体	大于 10mm	细粉末或微粉末	10nm～1μm
粉粒	100μm～10mm	超微粉末	小于 1nm
粉末	1～100μm		

间接 SLS 增材制造用的复合粉末通常有两种混合形式:一种是粘结剂粉末与金属或陶瓷粉末按一定比例机械混合;另一种则是把金属或陶瓷粉末放到粘结剂稀释液中,制取具有粘结剂包覆的金属或陶瓷粉末。实验表明,这种粘结剂包覆的粉末制备虽然复杂,但烧结效果较机械混合的好。当烧结环境温度控制在聚碳酸酯软化点附近时,其线膨胀系数较小,进行激光烧结后,被烧结的聚碳酸酯材料翘曲变形较小,具有很好的工艺性能。为了提高原型的强度,用于 SLS 增材制造工艺材料的研究转向金属和陶瓷,这也正是 SLS 增材制造工艺优越于 SLA 和 LOM 工艺之处。

近年来开发的较为成熟的用于 SLS 增材制造工艺的材料见表 4-2。

表 4-2 SLS 增材制造工艺常用的材料及其特性

材　　料	特　　性
石蜡	主要用于石蜡铸造、制造金属型
聚碳酸酯	坚固耐热,可以制造微细轮廓及薄壳结构,也可用于熔模制造,正逐步取代石蜡
尼龙、纤维尼龙、合成尼龙(尼龙纤维)	它们都能制造可测试功能零件,其中合成尼龙制件具有最佳的力学性能
钢铜合金	具有较高的强度,可作注塑模

4.4 SLS 增材制造的优缺点

SLS 增材制造和其他增材制造工艺相比,其最大的独特性就是能够直接制作金属制品,同时,该工艺还具有如下优点。

(1) 材料范围广,开发前景广阔

从理论上讲,任何受热粘结的粉末都有被用作 SLS 增材制造成形材料的可能。通过材料或各类粘结剂涂层的颗粒制造出适应不同需要的任何造型,材料的开发前景非常广阔。

(2) 制造工艺简单,柔性度高

在计算机的控制下可以方便迅速地制造出传统加工方法难以实现的复杂形状的零件。在成形过程中不需要先设计支撑,未烧结的松散粉末可以作为自然支撑,这样省料、省时,也降低了对设计人员的要求。可以成形几乎任意几何形状的零件,尤其是含有悬臂结构、中空结构、槽中套槽等结构的零件制造特别方便、有效。

(3) 精度高,材料利用率高

依赖于使用的材料种类和粒径、产品的几何形状和复杂程度,SLS 增材制造工艺一般能够达到工件整体范围内±(0.05～2.5)mm 的公差。当粉末粒径为 0.1mm 以下时,成形的原型精度可达到±1%。粉末材料可以回收利用,利用率近 100%。

(4) 料价格便宜,成本低

所用进口材料的价格为 10～132 美元/千克,国产的材料为 150～220 元/千克。

(5) 应用面广,生产周期短

各项高新技术的集中应用使得这种成形方法的生产周期很短。随着成形材料的多样化,使得 SLS 增材制造技术越来越适合于多种应用领域。例如,用蜡做精密铸造蜡模;用热塑性塑料做消失模;用陶瓷做铸造型壳、型芯和陶瓷件:用金属粉末做金属零件等。

除了以上优点,SLS 增材制造成形工艺也有一定的缺点,如能量消耗高,原型表面粗糙疏松,对某些材料需要单独处理等。

思考与练习

1. 简述 SLS 增材制造的成形原理。
2. 简述 SLS 增材制造成形的优缺点。
3. 简述 3DP 打印的成形原理。
4. 简述 3DP 打印成形的优缺点。
5. SLS 增材制造的后处理有什么作用? 简述常用的工艺方法。
6. SLS 增材制造的收缩变形来自哪几个方面?
7. 影响 SLS 增材制造成形精度的因素有哪些? 如何提高 SLS 增材制造的成形精度?

5
第◆章

CHAPTER 5

丝状材料选择性熔覆增材制造

本章重点

1. 掌握 FDM 增材制造的工作原理。
2. 熟悉 FDM 增材制造的材料选择。
3. 了解 FDM 增材制造的常用控制软件。
4. 掌握 FDM 增材制造的优缺点。
5. 熟悉常见的 FDM 增材制造系统。

本章难点

1. FDM 增材制造的工作原理。
2. FDM 增材制造的材料选择。
3. FDM 增材制造过程中的台阶效应。

丝状材料选择性熔覆增材制造又称为熔融沉积增材制造(fused deposition modeling,FDM)。该工艺由美国学者 Dr. Scott Crump 于1988年研制成功,并由美国 Stratasys 公司推出商品化的机器。

FDM 是将熔化的石蜡或者工程塑料通过由计算机数控的精细喷头按 CAD 分层截面数据进行二维填充,喷出的丝材经冷却粘结固化生成一薄层截面形状,层层叠加形成三维实体。是继光固化成形和分层实体制造工艺后的另一种应用较为广泛的工艺方法。

5.1 FDM 增材制造的工作原理和成形过程

5.1.1 FDM 增材制造的工作原理

FDM 增材制造的工作原理如图 5-1 所示。其中,加热喷头在计算机的控制下，可根据截面轮廓的信息，作 X-Y 平面运动和高度 Z 方向的运动。丝状热塑性材料（如 ABS 及 MABS 塑料丝、蜡丝、聚烯烃树脂、尼龙丝、聚酰胺丝）由供丝机构送至喷头，并在喷头中加热至熔融态，然后被选择性地涂覆在工作台上，快速冷却后形成截面轮廓。一层截面完成后，喷头上升一截面层的高度，再进行下一层的涂覆。如此循环，最终形成三维产品。

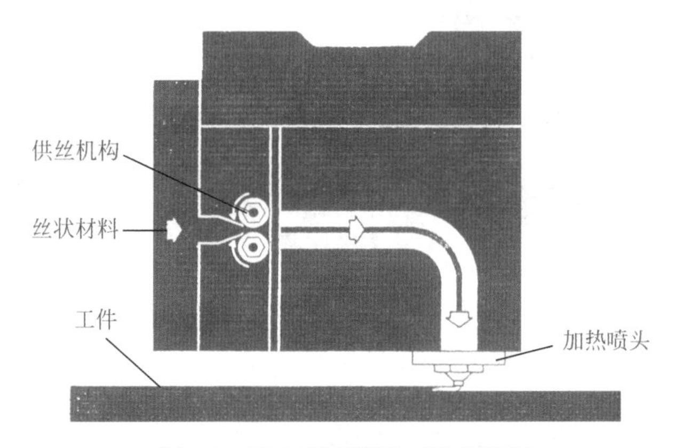

图 5-1 FDM 增材制造工作原理图

5.1.2 FDM 增材制造的成形过程

将实心丝状原材料缠绕在供料辊上，由电动机驱动辊子旋转，辊子和丝材之间的摩擦力使丝材向喷头的出口送进。在供料辊和喷头之间有一导向套，导向套采用低摩擦材料制成，以便丝材能顺利、准确地由供料辊送到喷头的内腔（最大送料速度为 10～25mm/s，推荐速度为 5～18mm/s）。喷头的前端有电阻式加热器，在其作用下，丝材被加热熔融，然后通过出口，涂覆至工作台上，并在冷却后形成截面轮廓。由于受结构的限制，加热器的功率不可能太大，因此，丝材熔融沉积的层厚随喷头的运动速度而变化，通常最大层厚为 0.15～0.25mm。

FDM 成形工艺在原型制作时需要同时制作支撑，为了节省材料成本和提高制作效率，新型的 FDM 设备采用双喷头，如图 5-2 所示。一个喷头用于成形原型零件，另一个喷头用于成形支撑。选择精细丝材成形原型零件成形的精度比较高，但成本高、效率低，制作支撑的丝材可以选择直径较大的，这样能提高制作速度，降低成本。

5.1.3 FDM 增材制造装备构成

FDM 增材制造装备主要由喷头、运动机构、送丝机构、加热系统四个部分组成。

1. 喷头

喷头是最复杂的部分，材料在喷头中被加热熔化，喷头底部有一喷嘴供熔融的材料以一定的压力挤出，喷头沿零件截面轮廓和填充轨迹运动时挤出材料，与前一层粘结并在空气中迅速固化。如此反复进行即可得到实体零件在计算机控制下，喷头可以在 X-Y 平面内任意移动，喷头可以随时开启关闭，工作台可任意升降。在计算机控制下喷头按路径移动，喷丝粘结在工作台的已制作层面上，如此反复逐层制作，直至最后一层，则熔丝粘结形

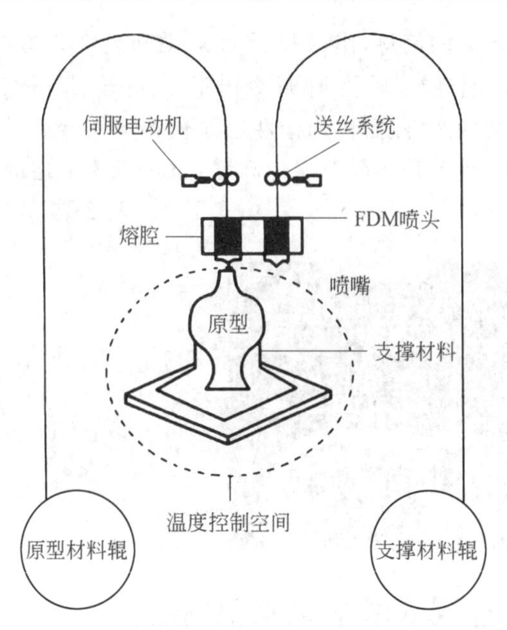

图 5-2　双喷头熔融沉积工艺的基本原理

成所要求的实体模型。

2. 运动机构

运动机构包括 X、Y、Z 三个轴的运动，增材制造技术的原理是把任意复杂的三维零件转化为平面图形的堆积，因此不再要求机床进行三轴及三轴以上的联动，只要能完成二轴联动就可以大大简化机床的运动控制。X-Y 轴的联动扫描完成 FDM 工艺喷头对截面轮廓的平面扫描，Z 轴则带动工作台实现高度方向的进给，实现层层堆积的控制。

3. 送丝机构

送丝机构为喷头输送原料，送丝要求平稳可靠。原料丝一般直径为 1～2mm，而喷嘴直径只有 0.2～0.5mm，这个差别保证了喷头内一定的压力和熔融后的原料能以一定的速度(必须与喷头扫描速度相匹配)被挤出成形。送丝机构以两台直流电动机为主构成，在 D/A 控制模块的配合下随时控制送丝的速度及开闭。送丝机构和喷头采用推—拉相结合的方式，以保证送丝稳定可靠，避免断丝或积瘤。

4. 加热系统

加热工作室用来给成形过程提供一个恒温环境。熔融状态的丝挤出成形后如果骤然受到冷却，容易造成翘曲和开裂，适当的环境温度可最大限度地减小这种造型缺陷，提高成形质量和精度。加热系统由成形室和喷头加热机构组成。采用可控硅和温控器结合的硬件形式控制，在以后的设计中将会考虑使用软件带 D/A 模块控制可控硅的形式。

5.2　FDM 增材制造的材料及选择

材料是 FDM 增材制造技术应用的关键。FDM 增材制造使用的材料可分为成形材料和支撑材料。

5.2.1 FDM 增材制造对成形材料的要求

(1) 材料的黏度低。材料的黏度低,流动性好,阻力就小,有助于材料顺利挤出。

(2) 材料的熔融温度低。低的熔融温度对 FDM 工艺的好处是多方面的。熔融温度低可以使材料在较低温度下挤出,有利于提高喷头和整个机械系统的寿命。可以减少材料在挤出前后的温差,减少热应力,从而提高原型的精度。

(3) 粘结性好。FDM 成形是分层制造的,层与层之间是连接最薄弱的地方,如果粘结性过低,会因热应力造成层与层之间的开裂。

(4) 材料的收缩率对温度不能太敏感。材料的收缩率如果对温度太敏感会引起零件尺寸超差,甚至翘曲、开裂。

5.2.2 FDM 增材制造对支撑材料的要求

(1) 能承受一定的高温。由于支撑材料与成形材料在支撑面上接触,所以支撑材料必须能够承受成形材料的高温。

(2) 与成形材料不浸润。加工完毕后支撑材料必须去除,所以支撑材料与成形材料的亲和性不能太好,这样便于后处理。

(3) 具有水溶性或酸溶性。为了便于后处理,支撑材料最好能溶解在某种液体中。由于现在的成形材料一般用 ABS 工程塑料,该材料一般能溶解在有机溶剂中,所以支撑材料最好能具有水溶性或酸溶性。

(4) 具有较低的熔融温度。具有较低的熔融温度可以使材料在较低的温度挤出,提高喷头的使用寿命。

(5) 流动性要好。对支撑材料的成形精度要求不高,为了提高机器的扫描速度,要求支撑材料具有很好的流动性。

表 5-1 为 FDM 增材制造成形材料的基本信息。

表 5-1 FDM 增材制造成形材料的基本信息

材　　料	适用的设备系统	可供选择的颜色	备　　注
ABS 丙烯腈丁二烯苯乙烯	FDM1650、FDM2000、FDM8000、FDMquantum	白、黑、红、绿、蓝	耐用的无毒塑料
ABSi 医学专用 ABS	FDM1650、FDM2000	黑、白	被食品及药物管理局认可的、耐用且无毒的塑料
E20	FDM1650、FDM2000	所有颜色	人造橡胶塑料与封铅、水龙带和软管等使用的材料类似
ICW06 熔模铸造用蜡	FDM1650、FDM2000	N/A	N/A
可机加工蜡	FDM1650、FDM2000	N/A	N/A
造型材料	Genisys Modeler	N/A	高强度聚酯化合物

5.3 FDM 增材制造的优点与缺点

FDM 增材制造具有其他增材制造技术所不具有的许多优点,所以被广泛采用。

(1) 操作简单。由于采用了热融挤压头的专利技术,使整个系统构造和操作简单,维护成本低,系统运行安全。

(2) 成形材料广泛。成形材料既可以用丝状蜡、ABS 材料,也可以使用经过改性的尼龙、橡胶等热塑性材料丝。对于复合材料,如热塑性材料与金属粉末、陶瓷粉末或短纤维材料的混合物,做成丝状后也可以使用。

(3) 成形速度快。FDM 成形过程中喷头的无效运动很少,大部分时间都在堆积材料,特别是成形薄壁类制件的速度极快。

(4) 可以成形任意复杂程度的零件。常用于成形具有很复杂的内腔、孔等零件。

(5) 原材料利用率高,无环境污染。成形系统所采用的材料为无毒、无味的热塑性塑料,废弃的材料还可以回收利用,材料对周围环境不会造成污染。

(6) 制件翘曲变形小,支撑去除简单。原材料在成形过程中无化学变化,制件的翘曲变形小,去除支撑时无须化学清洗,分离容易。

FDM 增材制造和其他增材制造技术相比,存在以下缺点。

(1) 需对整个实体截面进行扫描,大面积实体成形时间较长。

(2) 要设计与制作支撑结构。

(3) 成形轴垂直方向的强度比较弱。

(4) 成形件的表面有较明显的条纹,影响表面精度。

(5) 原材料价格昂贵。

5.4 FDM 增材制造常用控制软件

软件是增材制造系统的重要组成部分。作为从 CAD 模型到增材制造接口的数据转换处理软件是重中之重。国外各种增材制造装备一般都带有自己的增材制造系统软件,如 3D System 公司的 ACES、Quick Cast,Helisys 公司的 LOM Slice,DTM 的 Rapid Tool,Stratasys 公司的 Quick Slice、Support Works、Auto Gan,Cubital 的 Solider DFE,Sander Prototype 公司的 Proto Build 和 Proto Support 等。其中 Stratasys 公司开发的 Quick Slice 6.0 就是对 FDM 增材制造系统控制软件采用了触摸屏,使操作更加直观。

国外的增材制造软件系统种类繁多,它们虽然都是基于离散堆积的原理研制和开发的,但是一般无法在不同设备之间通用,即使是在相同成形方式的不同设备之间一般也不可通用。因为这些软件系统一般是由增材制造设备提供商针对不同设备自行研制和开发的,由它们生成的数控代码与对应设备的控制系统紧密联系,而不同设备的控制系统一般是不同的,并且不同的控制系统所使用的数控代码的标准也不统一。

由此,国外涌现了很多作为 CAD 系统与增材制造系统之间的桥梁的第三方软件。这些软件一般都以常用的数据文件格式作为输入/输出接口。输入的数据文件格式有

STL、IGES、DXF、HPGL、CT 层文件等，而输出的数据文件一般为 CLI。国外比较著名的一些第三方接口软件有：美国 Solid Concept 公司的 Bridge Works、Solid View；比利时 Materialise 公司的 Magics，如图 5-3 所示；美国 POGD 公司的 STL Manager；美国 Igore Tebelev 公司的 Still View；美国 Imageware 公司的 Surface 等。

图 5-3　Magics 人机交互界面

国外增材制造软件设计与开发能力都相当强大，人机界面设计也非常完美，更重要的是，版本不断更新，一直处于不断完善中，也是国内一直模仿的对象。缺点是不同设备之间软件不能通用，即使是在相同成形方式的不同设备之间软件一般也不可通用。而通用软件缺乏针特性，因为每个公司可能在某些方面有一些特殊技术，只能使用一些通用性操作。

5.5　典型 FDM 增材制造装备简介

目前，各国研究 FDM 增材制造装备的企业有上千家，早期大多数为美国和日本公司，目前中国的 FDM 增材制造装备企业发展很快。特别是桌面型产品，市场占有率非常高。

MakerBot 公司作为当今个人级 3D 打印设备的领头羊企业，采用的技术是根据计算机中的空间扫描图，在塑料薄层上喷涂原材料，层层粘连堆积，形成成形精度很高的三维模型。其新推出的桌面级 3D 打印机 MakerBot Replicator 2 相比其前几代机型，在控制、算法、材料方面均有所提升。比如 MakerBot Replicator 2 操作与维护更简单，PLA 材料可塑性更强，比 MakerBot Replicator 的制件尺寸增大了 37%，其最大成形制件的尺寸为 285mm×153mm×155mm，层厚为 0.1mm。成形精度由前一代的 270μm 提升到 100μm，打印过程中使用的成形材料为 PLA 聚乳酸，和之前的 ABS 塑料相比，打印完的成形件成品收缩率会更小，而且成形过程中材料的气味也比较少。目前 MakerBot 公司的桌面级产品在市场上的销量遥遥领先其他公司的产品。产品如图 5-4 所示。

图 5-4　MakerBot Replicator 2 桌面 3D 打印机

基于 FDM 工艺的产品中，3D System 公司推出个人家用的 3D 打印机 CubePro 系列，以其简易性和高可靠性著称，使用的打印材料为 ABS 和 PLA，可以打印的制件尺寸为 140mm×140mm×140mm，具有 Wi-Fi 技术，可以方便地在计算机与打印机之间进行无线通信和数据文件的转换。产品如图 5-5 所示。

图 5-5　3D System 的桌面级打印机 CubePro

北京殷华激光快速成型与模具技术有限公司依托清华大学激光快速成型中心，从研制增材制造系统和开发增材制造设备入手，向着自主研发的产品进入市场化的方向努力。此外，成形丝材也是其研究方向。其研发的三维打印增材制造机 GI-A 具有独特的路径填充技术，能够对网格进行优化设计，有效地提高了成形件的质量。与该打印机同时开发出的系统软件能够对STL格式文件进行自我检验和自我修复，此外还具有类似刀补的丝材宽度补偿，从软件、机械本体以及丝材等多方面来提高成形件的精度。成形精度为±0.2mm/100mm，成形厚度为0.15～0.4mm，成形空间达到255mm×255mm×310mm，成形材料主要有ABS B230和ABS T601。设备与制品如图5-6所示。

河南筑诚电子科技有限公司是国内增材制造3D打印技术研发生产的公司之一，旗下品牌良益筑诚roclok桌面3D打印机U2系列，TK300系列，FROG系列，PRUSA MENDEL等系列已全面向市场销售。产品以精度高、大尺寸、全金属机壳而深受市场好评。特别是H903医疗系列3D打印机，具有中文操作界面，采用液晶触摸屏控制，利用USB、SD卡Wi-Fi传输打印；无线摄像头监控打印全程，支持断电续打印，适合大尺寸打印、多样化、复杂模型打印。打印精度0.05～0.4mm，每小时打印速度为20g，耗材采用环保材料聚乳酸，可直接应用于医疗领域。如图5-7所示为H903医疗3D打印机。

图5-6 殷华公司的GI-A打印机

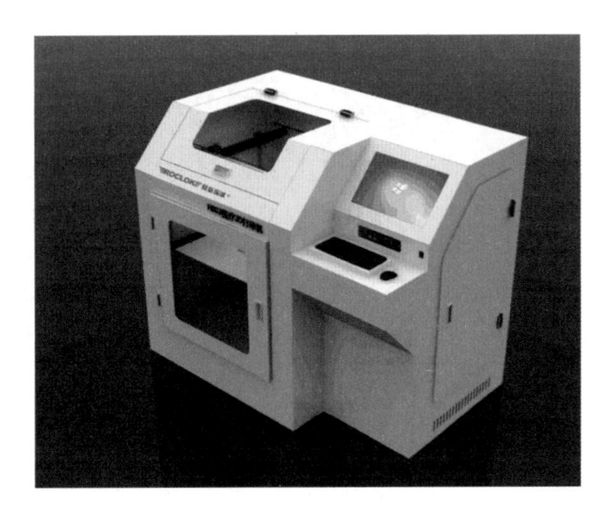

图5-7 良益筑诚H903医疗3D打印机

思考与练习

1. 简述FDM增材制造的成形原理。
2. FDM增材制造的优点有哪些？
3. 简述FDM增材制造过程中的台阶效应。
4. 常用的FDM增材制造系统控制软件有哪些，各有什么特点？

第6章 CHAPTER 6

薄型材料分层切割增材制造

本章重点

1. 掌握LOM增材制造的工作原理。
2. 熟悉LOM增材制造的工艺参数选择。
3. 熟悉LOM增材制造的成形材料及其特点。
4. 掌握LOM增材制造的优缺点。
5. 了解LOM增材制造的后处理方法。

本章难点

1. LOM增材制造的工作原理。
2. LOM增材制造的成形材料及其特点。
3. LOM增材制造的后处理方法。

薄型材料分层切割增材制造又称为叠层实体制造技术(laminated object manufacturing,LOM)。这种增材制造方法是由美国Helisys公司的Michael Feygin于1986年研制成功,并推出商品化的机器。由于LOM增材制造技术多用纸材,成本低廉,制件精度高,而且制造出来的纸质原型具有外在的美感和一些特殊的品质,因而受到了广泛关注和迅速发展。

6.1 LOM增材制造的工作原理

如图6-1所示为LOM增材制造的工作原理图,它由计算机、原材料存储及送进机构、热粘压机构、激光切割系统、可升降工作台和数控系统、模型取出装置和机架等组成。其中，计算机用于接收和存储工件的三维模型，沿模型的成形方向截取一系列的截面轮廓信息，发出控制指令。原材料存储及送进机构将存于其中的原材料(如底面有热熔胶和添加剂的纸)，逐步送至工作台的上方。热粘压机构将一层层成形材料粘合在一起。激光切割系统按照计算机截取的截面轮廓信息，逐一在工作台上方的材料上切割出每一层截面轮廓，并将无轮廓区切割成小网格，如图6-2所示，这是

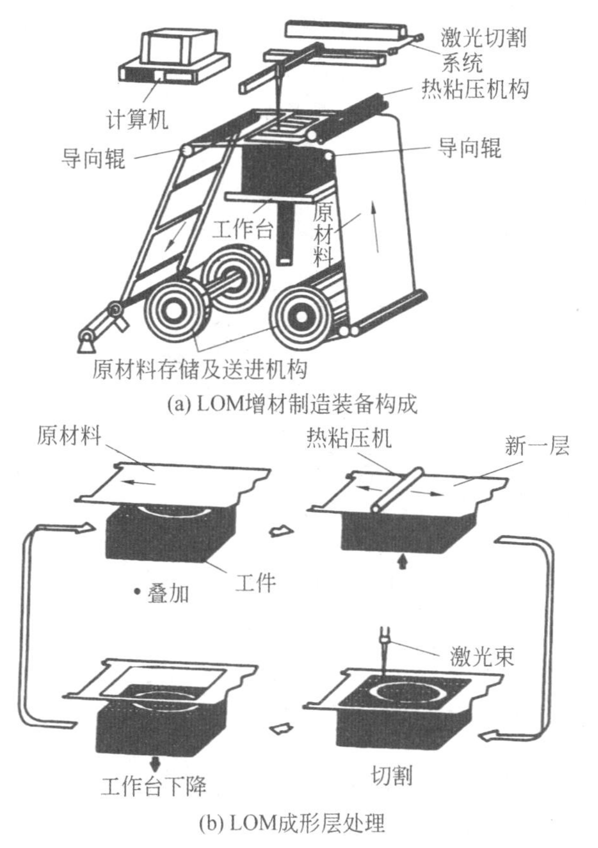

图6-1 LOM增材制造的工作原理图

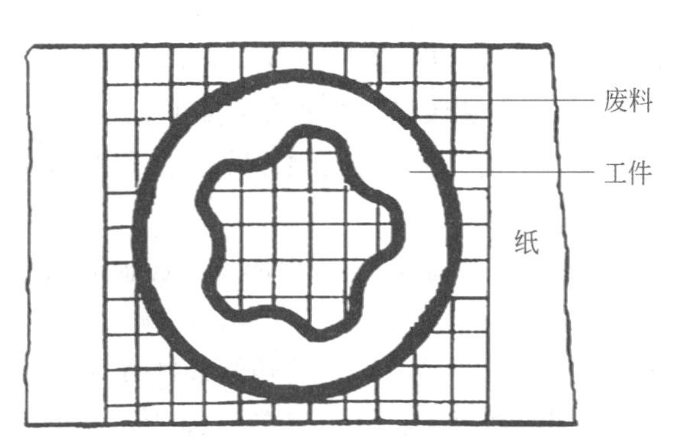

图6-2 每层材料切割后的状况

为了在成形之后能剔除废料。网格的大小根据被成形件的形状复杂程度选定，网格越小，越容易剔除废料，但成形花费的时间越长，否则反之。

可升降工作台支承正在成形的工件，并在每层成形完毕之后，降低一个材料厚度（通常为 0.1～0.2mm）以便送进、粘合和切割新的一层成形材料。数控系统执行计算机发出的指令，使材料逐步送至工作台的上方，然后粘合、切割，最终形成三维工件。模型取出装置用于方便地卸下已成形的模型。机架是整个机器的支撑。

这种增材制造系统截面轮廓被切割和叠合后所成的制品如图 6-3 所示。所需的工件被废料小方格包围，剔除这些小方格之后，便可得到三维工件。

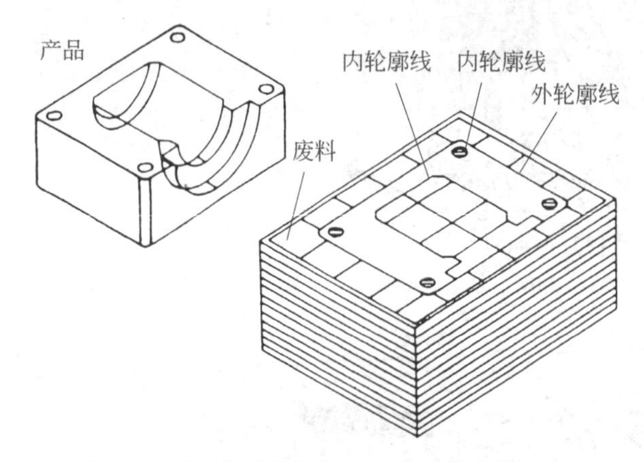

图 6-3 截面轮廓被切割和叠合后所成的工件

6.2 LOM 增材制造的工艺参数和后处理

LOM 增材制造方式直接，成形效率高，便于加工实心零件。但是材料剥离麻烦，后处理困难，可以通过改进加工工艺的方式改进后处理环节。

6.2.1 LOM 增材制造的工艺参数

从 LOM 增材制造工艺的原理看出，该增材制造装备主要有控制系统、机械系统、激光器等几部分组成。LOM 增材制造装备的主要参数如下。

（1）激光切割速度。激光切割速度影响着原型表面质量和原型制作时间，通常是根据激光器的型号规格进行选定。

（2）加热辊温度与压力。加热辊温度与压力的设置应根据原型层面尺寸大小、纸张厚度及环境温度来确定。

（3）激光能量。激光能量的大小直接影响着切割纸材的厚度和切割速度。

（4）切碎网格尺寸。切碎网格尺寸的大小直接影响着废料剥离的难易和原型的表面质量。网格尺寸的大小影响制作效率。

6.2.2 LOM 增材制造的后处理

LOM 增材制造原型制造完毕后，原型埋在叠层块中，需要去除废料，对原型进行剥离。还需要进行打磨、修补、抛光和表面处理等，这些工序统称为后处理。

1. 废料去除

将成形过程中产生的废料与原型分离称为废料去除。LOM 增材制造的废料主要是网状废料，通常采用手工剥离的方式，所以比较费时间。为保证制件的完整和美观，要求工作人员耐心、细致并具有一定的工作技巧。

2. 后置处理

当原型零件台阶效应或 STL 格式化的缺陷比较明显，或某些薄壁和小特征结构的强度、刚度不足，或某局部的形状、尺寸不够精确，或原型的某些物理、力学性能不太理想时，我们要对原型零件进行修补、打磨、抛光和表面涂覆等后置处理。后置处理后，原型的表面强度、力学性能、尺寸的稳定性、精度等各方面都会得到提高。

6.2.3 易于去除废料的 LOM 增材制造工艺

为了使成形后易于去除废料，特别是如图 3-6 所示的 U 形中空类零件去除废料。韩国理工学院(Korea Institute of Science and Technology)提出了如图 6-4 所示的 LOM 增材制造成形工艺，其过程如下。

(1) 在第一次切割过程中，仅在成形材料上切割废料区的周边(图 6-4(a))。

(2) 将已切割过的成形材料送至原已成形的叠层块上的同时，自动剥离背衬纸，本层废料也与背衬纸同时被剥离(图 6-4(b))。

(3) 工作台上升(图 6-4(c))。

(4) 使成形材料黏结在已成形的叠层块上(图 6-4(d))。

(5) 在第二次切割过程中，切割工件本层轮廓的边界(图 6-4(e))。

(6) 工作台下降(图 6-4(f))。

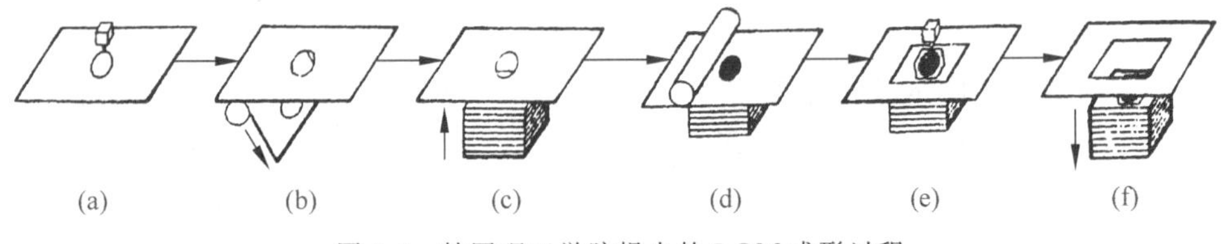

图 6-4 韩国理工学院提出的 LOM 成形过程

重复上述过程，直到工件制作完毕。当成形过程完成之后，除了支撑结构和连接孤立轮廓的桥部尚需剥离之外，大部分废料几乎都已被分离，因此可以节少剥离废料的时间。图 6-5 所示为上述成形方法的送料机构原理图。

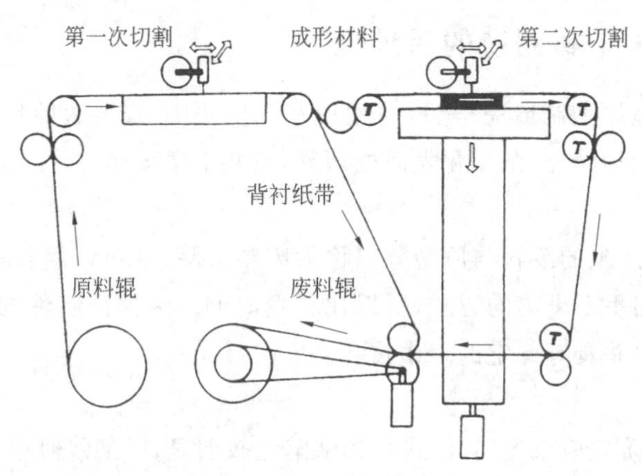

图 6-5 韩国理工学院提出的 LOM 增材制造成形工艺的送料机构原理图

6.3 LOM 增材制造的材料及选择

LOM 增材制造的成形材料涉及三个方面的问题：薄层材料、粘结剂和涂布工艺。目前的薄层材料多为纸材，粘结剂一般多为热熔胶。纸材的选取，热熔胶的配制及涂布工艺既要保证成形零件的质量，同时又要考虑成本。

6.3.1 纸的性能

LOM 增材制造对纸材的要求如下。

(1) 抗湿性。保证纸原料(卷轴纸)不会因时间长而吸水，从而保证热压过程中不会因水分的损失而产生变形和粘结不牢。

(2) 良好的浸润性。保证良好的涂胶性能。

(3) 收缩率小。保证热压过程中不会因部分水分损失而变形。

(4) 一定的抗拉强度。保证加工过程中不被拉断。

(5) 剥离性能好。因剥离时破坏发生在纸张内部，要求纸的垂直方向抗拉强度不是很大。

(6) 易打磨。打磨至表面光滑。

(7) 稳定性好。成形零件可以长时间保存。

6.3.2 热熔胶

分层实体制造中的成形材料多为涂有热熔胶的纸材，层与层之间的粘结是由热熔胶来保证的。热熔胶的种类很多，最常用的是 EVA，占热熔胶总销量的 80%左右。为了得到较好的使用效果，在热熔胶中还要增加其他的组分，如增黏剂、蜡类等。LOM 工艺对热熔胶的基本要求如下。

(1) 良好的热熔冷固性，70～100℃开始熔化，室温下固化。

(2) 在反复熔化—固化条件下，具有较好的物理化学稳定性。

(3) 熔融状态下与纸具有较好的涂挂性与涂匀性。

(4) 与纸具有足够的粘结强度。

(5) 良好的废料分离性能。

6.3.3 涂布工艺

涂布工艺包括涂布形状和涂布厚度两个方面。

涂布形状指的是采用均匀式涂布还是非均匀式涂布。均匀式涂布采用狭缝式刮板进行涂布,非均匀式涂布有条纹式和颗粒式。非均匀式涂布可以减小应力集中,但涂布设备较贵。

涂布厚度指的是在纸材上涂多厚的胶。在保证可靠粘结的情况下,尽可能涂得薄一些,这样可以减少变形、溢胶和错位。

6.3.4 KINERGY 公司的纸基卷材

KINERGY 公司生产的纸基卷料,见表 6-1,采用了熔化温度较高的粘结剂和特殊的改性添加剂,所以,用这种材料成形的制件坚如硬木(制件水平面上的硬度为 HRR18,垂直面上的硬度为 HRR100)表面光滑,有的材料能在 200℃下工作,制件的最小壁厚可为 0.3～0.5mm,成形过程中只有很小的翘曲变形,即使间断地进行成形也不会出现不粘结的裂缝,成形后工件与废料易分离,经表面涂覆处理后不吸水,有良好的稳定性。KINERGY 公司已经在新加坡和中国分别建立了两个增材制造用纸生产基地,能及时满足用户的需要,平均每千克的纸价为 4～8 美元。

表 6-1 KINERGY 公司生产的纸基卷材

型　号	K-01	K-02	K-03
宽度/mm	300～900	300～900	300～900
厚度/mm	0.12	0.11	0.09
粘结温度/℃	210	250	250
成形后的颜色	浅灰	浅黄	黑
成形过程翘曲变形	很小	稍大	小
成形件耐温性	好	好	很好(>200℃)
成形件表面光亮度	好	很好(类似塑料)	好
成形件表面抛光性	好	好	很好
成形件弹性	一般	很好(类似塑料)	一般
废料分离性	好	好	好
价格	较低	较低	较高

6.4 LOM 增材制造的优点与缺点

LOM 增材制造只需在片材上切割出零件截面的轮廓，而不用扫描整个截面，所以适合制造大型实体零件。和其他增材制造工艺相比，LOM 工艺具有制作效率高、速度快、成本低等优点。

(1) 原型零件精度高(一般<0.15mm)。这是因为：①进行薄形材料选择性切割成形时，在原材料——涂胶的纸中，只有极薄的一层胶发生状态变化——由固态变为熔融态，而主要的基底——纸仍保持固态不变，因此翘曲变形较小。②采用了特殊的上胶工艺，吸附在纸上的胶呈微粒状分布。用这种工艺制作的纸比热熔涂覆法制作的纸有较小的翘曲变形。

(2) 制件能承受高达 200℃的温度，有较高的硬度和较好的力学性能，可进行各种切削加工。

(3) 无须后固化处理。

(4) 工件外框与截面轮廓间的多余材料在加工中起到了支撑作用，故 LOM 工艺无须设计和制作支撑结构。

(5) 制件尺寸大。目前最大的 LOM 增材制造机的成形件的长度达 1600mm。

(6) 在中国有原材料——增材制造用纸的生产公司，价格便宜(每千克约 5 美元)，能及时供货。

(7) 可靠性高，寿命长。采用了高质量的元器件，有完善的安全、保护装置，因而能长时间连续运行。

(8) 操作方便。

但是，LOM 增材制造技术也有以下不足之处。

(1) 废料难以剥离。

(2) 不能直接制作塑料工件。

(3) 工件(特别是薄壁件)的强度和弹性不够好。

(4) 工件易吸湿膨胀，因此，成形后应尽快进行表面防潮处理。

(5) 工件表面有台阶纹，其高度等于材料的厚度(通常为 0.1mm 左右)，成形后需进行表面打磨。

思考与练习

1. 简述 LOM 增材制造的工作原理。
2. 简述 LOM 增材制造的优缺点。
3. LOM 增材制造原材料有哪些，以及对其有哪些要求？

CHAPTER 7

其他增材制造技术及技术选用

本章重点

1. 了解其他增材制造的主要方法。
2. 熟悉主要增材制造的技术特点。
3. 掌握增材制造技术的选用原则。

本章难点

1. 主要增材制造技术的特点分析。
2. 主要增材制造技术的选用。

7.1 其他增材制造技术

作为一种基于离散/堆积成形的新型制造方式，增材制造得到了充足的发展和人们的广泛关注。除了前述几种最常见的成形方法外，还有其他的技术也已经实用化。如三维喷涂粘结成形技术，掩膜光刻成形技术，三维焊接成形技术，数码累积成形技术，弹道微粒制造技术等。

7.1.1 DLP 光固化技术

数字光处理技术(digital light processing，DLP)是建立在 SLA 型 3D 打印技术的基础上并升级改进而成的更新型的 3D 成形技术。基于 DLP 技术的 3D 打印机采用的是由面到三维物体的成形方式，而普通的 3D 打印机采用的是由点到面，再到三维物体的成形方式，因此 DLP 式的 3D 打印机要比其他类型的 3D 打印机成形速度快。DLP 投影技术应用了数字微镜晶片(DMD)，将其作为关键的处理元件，从而实现数字光学处理过程。

DLP最初应用在投影显示方面,相比CRT、LCD技术的投影机具有较好的反射优势,在对比度和均匀性方面都非常出色,图像清晰度高,画面均匀,色彩锐利,并且图像噪声消失,画面质量稳定,精确的数字图像可不断再现,而且历久弥新。如今DLP技术发展迅猛,支持各类显示和高级照明控制应用,可用于3D机器视觉测量、PCB平板印刷、光谱分析、光通信网络、多光谱成像、近眼显示器、汽车平视显示以及3D打印等方向。

DLP技术的3D打印机成形精度也比其他类型的3D打印机要高,其高低主要取决于DLP投影仪的分辨率,投影仪的分辨率越高,每个像素的清晰度就越高,受到的光照度也越高。例如,目前做得比较好的打印机 *X-Y* 轴的分辨率可达到1080P的投影仪,其成形精度要远远高于其他成形方式的3D打印机,打印速度更快,打印构件的细节、精度也更好,表面粗糙度更低,材料利用率更高。

1. 自由表面成像DLP打印机

自由表面成像(free surface imaging system diagram)类型的DLP型3D打印机工作原理是以一定波长(紫外光、近紫外光、可见光等波段)的光源为能量源,高分辨率的数字处理器投影器(DLP)按照切片设计好每层的形状,自下而上在 *X-Y* 轴坐标系内直接投射到料槽底部的平面上,料槽底部的液态光固化聚合物直接吸收UV的能量引发激活聚合形成固化层,打印平台在Z轴的方向上移动,固化层从料槽底部剥离粘附在打印平台上。如此反复,逐层固化、叠加堆积成完整的模型。由此可见,DLP型和SLA型两者最大的区别在于DLP型3D打印技术能够实现完整平面在同一时刻固化成形,而SLA型打印技术则需要激光束逐点扫描固化,DLP型单层的固化时间显著小于SLA型,故DLP型自由表面成像的3D打印机属于上曝光方式,如图7-1所示。由于整个打印平台需要浸没在液态光固化材料中,每次打印需要的材料用量更大,上下移动还会导致材料飞溅污染打印机内室,故该类型的3D打印机已经慢慢被市场淘汰。固化层能够很好地附着于成型台面,无需离型膜的辅助,但同时存在如下缺点:光敏树脂储存需求量大,打印环境需要完全水平,液面需要刮平机构辅助保障液面处于平静的水平状态。

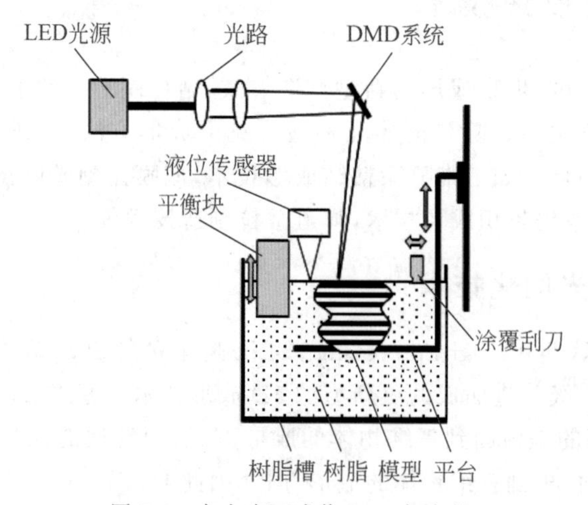

图7-1 自由表面成像DLP打印机

2. 自由曲面成像 DLP 打印机

自由曲面成像(free hook face imaging system)也称自底向上立体成像。自由曲面成像 DLP 打印机属于下曝光方式,如图 7-2 所示,光敏树脂需求量更小,打印环境要求无须水平,不需要刮平机构辅助,但是需要额外的离型材料辅助,以保障固化层成功附着于成形台面。

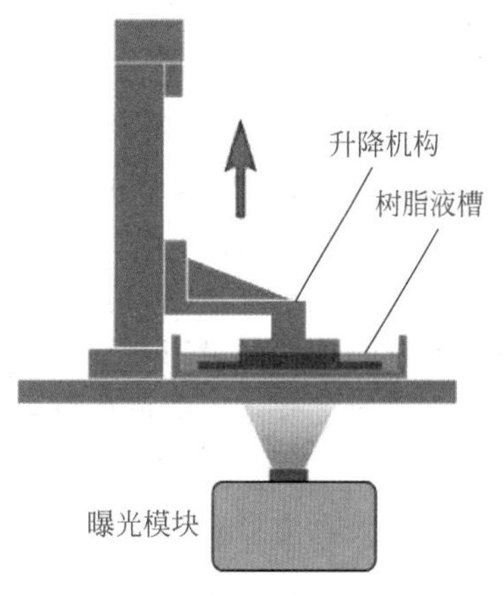

图 7-2 自由曲面成像 DLP 打印机

3. DLP 光固化原理

DLP 型 3D 打印机主要有三个关键的工作部件,包括高分辨光学引擎装置、持久耐用的光学投影装置和打印构件剥离装置。

高分辨光学引擎装置为每层打印提供截面形状,因此其分辨率的大小、投影尺寸的大小直接决定固化打印层能否精细成形和模型打印的尺寸大小。分辨率越高,投影的光区精细度就越高,成形的精度也越高;投影的尺寸越大,单层能够固化的面积就越大,堆积重叠而成的模型尺寸也越大。常用的分辨率有 VGA 投影显示标准(640×480 点/英寸)以及更高级别的 XVGA 投影显示标准(1024×768 点/英寸)。根据投影尺寸可分为桌面级和工业级 DLP 型 3D 打印机。桌面级 DLP 型 3D 打印机属于普通民用级别,单层打印厚度一般为 0.02~0.05mm,只能打印小型的模型;工业级 DLP 型 3D 打印机的打印层厚可达 0.005mm 的最高精度,精度远高于桌面级,而且能够打印出更大尺寸的模型。当然,工业级 DLP 型 3D 打印机造价高达几十万元至几百万元人民币,价格高昂;而桌面级的一般在几万元至几十万元人民币之间,价格稍低。

光学投影装置的工作原理是光源发射出的光线先由光学镜片组和光强感应设备进行调整,再由数字微镜晶片(digital micro-mirror device,DMD)调节,最后经镜筒和镜头放大而投影出清晰精细的光线。光源起初采用亮度高的超高压汞灯泡,但是其能耗大、发热严重等缺点导致工作寿命非常短。后来采用价格低廉的 LED 灯代替,能够显著地降低成本和能耗,发热程度低,并且大大延长了光源的工作寿命,虽然亮度偏低但是能够满足 3D 打印投影的基本要求。

DMD 芯片作为成像器件,通过调节反射光实现投射图像,是 DLP 系统核心部件之一。DMD 芯片运行与 DLP 投影的效果息息相关,从根本上决定了投影系统的成像性能。驱动器的作用是转换信号。系统工作时,将传输过来的电信号转换成 DMD 芯片可以识别的电信号,识别信号后便开始对空间光进行解析投射。光引擎是 DLP 系统中光学部分的核心,其作用主要有两点,一是保证光源到 DMD 芯片过程中光的传输,二是确保经过 DMD 芯片反射后能够通过投影物镜完成最终成像。

嵌入式处理器是 DLP 系统的主控芯片,主要作用是控制 DMD 驱动芯片工作、信号的传输控制、外设电路的信号处理等几个方面。最重要的功能是将信号源的输入信号解码为 DMD 驱动信号,并有序地发送给 DMD 驱动芯片,将图像信息解释为空见光调制信息。信号源有两种方式产生,一是经 HDMI 高清视频接口由 PC 端传入,二是从板载 SD 卡中读取内部文件。

DMD芯片是DLP系统工作的核心。其中,微反射镜是DMD芯片最小的工作单位,也是影响其性能的关键。微反射镜的体积非常小,每块微反射镜都有独立的支撑架,并围绕铰接斜轴进行±12°进行的偏转。在微反射镜的两角布置了两个电极,通过电压控制偏转。DMD芯片是通过控制微反射镜的偏转来实现对光的调制。微反射镜是依靠反射光线工作的,在微反射镜开启状态时,入射光线(光源)的入射角达到12°,反射角亦达12°(两者相加即是24°),此时光能最大,即(255,255,255);若微反射镜偏向关闭状态,此时镜头接收到的光线越来越少,到达关闭状态时,亮度最低,即(0,0,0)。DLP 3D打印机在应用方面实现的功能与投影系统类似,即需要DLP系统投影切片图像到光敏树脂面上,光敏树脂在光照的作用下完成聚合固化过程。

DLP 3D打印机(基于面曝光的3D打印机)的优势在于:①高效性。打印时,其面曝光比其他点曝光形式的效率要高很多,进一步提高了打印速度。②经济性。传统的SLA技术采用固体激光器作为光源,成本高,而DLP 3D打印机采用LED作为光源,大大降低了设备成本。而且405nm的光敏树脂单价相对较低,耗材成本低。③方便性。设备体积小巧,易于摆放。

7.1.2 3DP打印技术

1. 3DP打印原理

3DP打印工艺与SLS增材制造工艺类似,采用粉末材料成形,如陶瓷粉末、金属粉末。所不同的是材料粉末不是通过烧结连接起来的,而是通过喷头用粘结剂(如硅胶)将零件的截面"印刷"在材料粉末上面。用粘结剂粘结的零件强度较低,还需后处理。具体工艺过程如下:上一层粘结完毕后,成形缸下降一个距离(等于层厚:0.013~0.1mm),供粉缸上升一高度,推出若干粉末,并被铺粉辊推到成形缸,铺平并被压实。喷头在计算机控制下,按下一建造截面的成形数据有选择地喷射粘结剂建造层面。铺粉辊铺粉时多余的粉末被集粉装置收集。如此周而复始地送粉、铺粉和喷射粘结剂,最终完成一个三维粉体的粘结。未被喷射粘结剂的地方为干粉,在成形过程中起支撑作用,且成形结束后,比较容易去除。

3DP打印技术是最早开发的一类三维增材制造打印技术,最初是由麻省理工学院于20世纪80年代开发。其成形原理是由喷墨打印头按照计算机所设计的模具轮廓向粉末成形材料喷射液体粘结剂,使粉末逐层打印并重叠粘结成形制件,可通过对墨盒数量及颜色的控制打印出多色三维零件。此技术以Z Corporation公司制造的Z系列三维打印机为代表,能打印彩色原型件,可以更大限度地适应市场需求,应用更加广泛。

2. 3DP打印头

由于3DP打印技术的特殊性,要求要把粘结剂作为墨水打印以粘结成形材料,所以此处重点讨论喷墨打印机打印头的种类和打印原理。喷墨打印是将墨滴喷射到接受体形成图像或文字的打印技术,主要分为静电式、压电式、超声波式和热发泡式等。

静电式打印头的原理是在电极上施加适当电压,使电动机与振动板之间产生静电吸引,造成振动板移动,墨水进入墨水腔,电压去除时恢复原状,将多余墨水喷出。但是此项技术打印精度并不理想。

压电式喷墨打印头的原理主要是利用电压直接转换原理，形成机械力并以机械动作将墨水从墨道中推出去或者挤出去，通过控制电压的大小来控制墨滴大小。此技术为常温工作、寿命长、墨滴大小可控、能耗少，但是喷射速度慢、控制较复杂。

超声波式喷墨打印头是利用压电陶瓷元件高频振动产生超声波，通过菲涅耳透镜聚焦，借助聚焦的能量将墨水从墨水腔中激发出去，该类打印头在固体喷墨印刷领域应用较广泛。

热发泡式喷墨打印技术由于能很好地满足三维增材制造打印技术所需要的条件，成为三维增材制造技术的主要喷墨方式。3DP 成形机打印头采用气泡技术，其结构和原理与普通的热发泡式喷墨打印头相差无几。目前，以佳能、惠普等生产的气泡式打印头为代表。热发泡式喷墨打印头的工作原理是通过加热喷墨打印头上的电加热元件，使其在极短时间内急速加热升温到一定温度，使处于喷嘴底部的油墨气化并形成气泡，该气泡膜将墨水和加热元件隔离，使墨水部分升温，避免了喷嘴内墨水的全部加热。加热信号消失后，陶瓷元件表面开始降温，残留的余热促使气泡在 8ms 内迅速膨胀，气泡膨胀所产生的压力压迫一定量的墨滴克服表面张力而快速挤出喷嘴。随后，气泡开始收缩，喷嘴前端的墨滴因挤压而喷出，而后端的墨滴因墨水的收缩开始分离，气泡收缩使墨滴与喷嘴内的墨水完全分开，完成一个喷墨过程，继续重复该过程。此种打印头可以通过改变加热元件的温度来控制所喷出的墨水的量，从而使其保持一定的打印精度，达到成像目的。

3. 国内常见的 3DP 打印机

河南筑诚电子科技有限公司是国内专业专注增材制造 3D 打印技术研发生产的公司，该公司自主研发的 3D 打印机已批量投产，且有多种系列多种型号产品投入生产和销售，并逐渐在国内外形成品牌销售效应，成功研制出 DMP 系列打印机，成形件的最大尺寸为 300mm×300mm×300mm，打印的分辨率为 600dpi，成形件的精度为 0.2mm，其使用的材料为特定配方的石膏粉与粘结剂，陶瓷粉与粘结剂，具有四个喷头，可以成形全彩模型。设备如图 7-3 所示。

图 7-3　DMP 系列打印机

该打印机优缺点如下。

优点：①成形速度快，成形材料价格低，适合做桌面型的增材制造设备。②在粘结剂中添加颜料，可以制作彩色原型，这是该工艺最具竞争力的特点之一。③成形过程不需要支撑，去除多余粉末比较方便，特别适合于做内腔复杂的原型。

缺点：强度较低，只能做概念型模型，而不能做功能性试验。

7.1.3 掩膜光刻成形技术

掩膜光刻成形技术(solid ground curing，SGC)也称立体光刻技术。这种技术使激光束或X射线通过一个光掩膜，照射树脂成形。光掩膜上的图形是掩膜机在模型片层参数的控制下，利用电传照相技术在平板玻璃上调色或静电喷涂制成的原型零件截面图形。掩膜表面可透过激光或X射线。SGC法与SLA法的具体工艺不同，且成形效率更高，因为SGC的每一层固化是瞬间完成。SGC法采用2000W高能紫外激光器，成形速度快，可省去支撑结构。SGC法的精度可达到±0.1%。最新的无掩膜光刻成形技术可以极大降低生成成本，提高工作效率和系统稳定性。

SGC技术应用范围广泛，如模型、模具及器具，包括人体器官、骨骼模型、人工血管、建筑物模型、分子模型、微生物放大模型的制造、工艺品的加工等。

7.1.4 弹道微粒制造技术

弹道微粒制造技术(ballistic particle manufacturing，BPM)由美国的BPM技术公司开发并实现其商品化，成形原理如图7-4所示。它用一个压电喷射系统来沉积熔化了的热塑性塑料的微小颗粒，BPM的喷头安装在一个5轴的运动机构上，对于零件中悬臂部分可以不加支撑，而“不联通”的部分要加支撑。

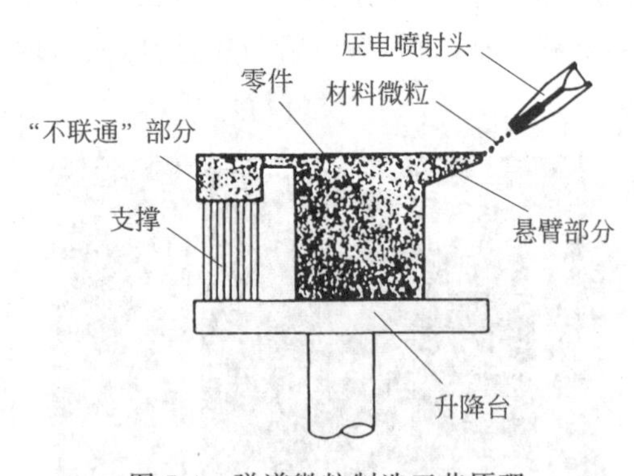

图7-4 弹道微粒制造工艺原理

7.1.5 三维焊接成形技术

三维焊接成形技术(three dimensional welding，TDW)又称熔化成形，起源于德国Thyssen公司。这种成形技术采用现有的各种成熟的焊接技术和焊接设备，用逐层堆焊的方法制造出全部由金属组成的零件。该技术是一种非常实用且制造成本较低的直接快速制造金属零件的方法，可用于制造大型成形件。国内外研究者开始将一些较先进的焊接方法应用于快速成形中，主要有熔化极气体保护焊、钨极惰性气体保护焊、等离子弧焊及一些新型焊接方法。

在传统弧焊快速成形技术方面广泛应用的有：非熔化极气体保护焊 GTAW(gas tungsten Arc welding)、等离子弧焊 PAW(plasma-arc welding)、熔化极气体保护焊 GMAW(gas metal Arc welding)等工艺。新型焊接快速成形技术主要有：冷金属过渡焊接快速成型、超声波增材成型和搅拌摩擦焊增材成型。目前，此技术主要应用在零件毛坯的生产上，对堆垛过程成形尺寸精度及功能质量等方面的控制研究涉及较少。

7.1.6　数码累积成形技术

数码累积成形技术也称喷粒堆积，英文名称 Digital Brick Laying，简称 DBL。它是指用计算机分割三维造型体而得到空间一系列一定尺寸的有序点阵，借助三维制造系统按照指定路径在相应的位置喷出可迅速凝固的流体或布置固体单元，逐点、线、面完成粘结并进行后处理完成原型制造。

该工艺类似于由马赛克以搭积木方式成形。在每一间隔中增加“积木”单元，甚至可采用晶粒、分子或原子级的单元，以提高加工的精度，也可以通过布置不同成分、颜色与性能的材料单元实现多材料复合的三维结构成形。

7.2　主要增材制造技术的比较与选用

目前，比较成熟的增材制造技术已经有十余种，不同的成形工艺有不同的特色，如何根据原型的使用要求、结构特点、精度要求和成本核算等方面，正确选择增材制造的工艺方法，对于更有效地利用这项技术非常重要。

7.2.1　主要增材制造技术的比较

主要增材制造技术的工艺性能参数比较见表 7-1。其优点与缺点的比较见表 7-2。各个主要生产厂家生产的增材制造机型的性能参数见表 7-3。

表 7-1　主要增材制造机型的性能参数比较

技　术	指　标							
	精度	表面质量	材料价格	材料利用率	运行成本	生产效率	设备费用	占有率/%
SLA 增材制造	优	优	较贵	约 100%	较高	高	较贵	78
LOM 增材制造	一般	较差	较便宜	较差	较低	高	较便宜	7.3
SLS 增材制造	一般	一般	较贵	约 100%	较高	一般	较贵	6.0
FDM 增材制造	较差	较差	较贵	约 100%	一般	较低	较便宜	6.1

表 7-2　增材制造技术的优点和缺点

增材制造技术	优　　点	缺　　点
SLA 增材制造	技术成熟、应用广泛、成形速度快、精度高、能量低	工艺复杂、需要支撑结构、材料种类有限、激光器寿命低、原材料价格贵
LOM 增材制造	对实心部分大的物体成形速度快、支撑结构自动地包含在层面制造中、低的内应力和扭曲、同一物体中可包含多种材料和颜色	能量高、对内部孔腔中的支撑物需要清理、材料利用率低、废料剥离困难、可能发生翘曲
SLS 增材制造	不需要支撑结构、材料利用率高、选用材料的机械性能比较好、材料价格便宜、无气味	能量高、表面粗糙、成形原型疏松多孔、对某些材料需要单独处理
FDM 增材制造	成形速度快,材料利用率高、能量低、物体中可包含多种材料和颜色	表面光洁度低、粗糙度高,选用材料仅限于低熔点材料
3DP 增材制造	材料选用广泛、可以制造陶瓷模具用于金属铸造、支撑结构自动包含在层面制造中、能量低	表面粗糙、精度低、需处理(去湿或预加热到一定温度)

表 7-3　部分快速成形机的特性参数(排名不分先后)

制造公司	型　　号	成形方法	采用原材料	最大制件尺寸/mm
3D Systems(美国)	SLA-190	液态光敏聚合物选择性固化	液态光敏聚合物	190×190×250
	SLA-250			250×250×250
	SLA-250HR			250×250×250
	SLA-350			350×350×400
	SLA-350Millennium			350×350×400
	SLA-500			508×508×584
	SLA-5000 Millennium			508×508×584
	SLA-7000			508×508×584
	Actua 2100 Thermojet Solid Object printer	热塑性材料选择性喷洒(MJM)	热塑性材料	250×190×200 250×190×200
SONY/D-MEC(日本)	SCS-300	液态光敏聚合物选择性固化	液态光敏聚合物	300×300×270
	SCS1000HD			300×300×270
	JSC-2000			500×500×500
	JSC-3000			1000×800×500

续表

制造公司	型　　号	成形方法	采用原材料	最大制件尺寸/mm
Tejin Seiki（日本）	Soliform-250A	液态光敏聚合物选择性固化	液态光敏聚合物	250×250×250
	Soliform-250B			250×250×250
	Soliform-300A			300×300×300
	Soliform-500B			300×300×300
Denken Engineering（日本）	SLP-400R	液态光敏聚合物选择性固化	液态光敏聚合物	200×150×150
	SLP-5000			220×200×225
Meiko（日本）	LC-5100	液态光敏聚合物选择性固化	液态光敏聚合物	100×100×100
	LC-315			160×120×100
Unirapid（日本）	URⅡ-HP 1501	液态光敏聚合物选择性固化	液态光敏聚合	150×150×150
Kira（日本）	PLT-A4	纸基片材选择性（热割炬切割）	复印纸	280×190×200
	PLT-A3			400×280×300
Sparx Ab（瑞典）	Hot plot	纸基片材选择性（热割炬）切割	纸基片材	
西安交通大学（中国）	LPS-600	液态光敏聚合物选择性固化	液态光敏聚合物	600×600×500
	LPS-350			350×350×350
	LPS-250			250×250×300
	CPS-250 CPS-350 CPS-500			250×250×300 350×350×350 500×500×600
华中理工大学（中国）	HPP-Ⅲ HHP-ⅡA HHP-Ⅳ	薄形材料选择性切割	纸基片材	600×400×500 450×350×350 1000×600×500
Stratasys（美国）	FDM-1650	丝状材料选择性熔覆	塑料丝/蜡	254×254×254
	FDM-2000			254×254×254
	FDM-8000			457×457×609
	FDM-Quantum			600×500×6000
	Genisys Xs			305×203×203
Helisys（美国）	LOM-1015 Plus	薄形材料选择性切割	卷材	380×250×350
	LOM-2030H			815×550×508
DTM（美国）	Sinterstation 2000	粉末材料选择性烧结	塑料粉、金属基/陶瓷基粉	ϕ300×380
	Sinterstation 2500			380×330×457

续表

制造公司	型号	成形方法	采用原材料	最大制件尺寸/mm
Sanders Prototype(美国)	Model Maker Ⅱ	热塑性材料选择性喷洒(Inkjet)	热塑性材料	300×150×230
Aaroflex(美国)	Solid Imager Tabletop Sllid Imeger1 Sllid Imeger2 Sllid Imeger3	液态光敏聚合物选择性固化	液态光敏聚合物	ϕ152×127 300×300×300 550×550×550 ϕ890×550
ZCorporation(美国)	Z-402	粉末材料选择性粘结	塑料粉、金属/陶瓷基粉	203×250×203
BPM Tehnology(美国)	LENS-750 LENS-1500	粉末材料选择性粘结	金属粉	300×300×300 457×457×610
ProMetal(Extrude Hone)(美国)	RTS-300	粉末材料选择性粘结	金属粉	300×300×250
MedModeler LLC(美国)	MedModeler	粉末材料选择性粘结	塑料丝	250×250×250
Cubital(以色列)	Solider 4600	液态光敏聚合物基填蜡选择性固化(SGC)	液态光敏聚合物	350×350×350
	Solider 5600			500×350×350
EOS(德国)	STEREOS DESKTOP	液态光敏聚合物选择性固化	液态光敏聚合物	250×250×250
	STEREOS MAX-400			400×400×400
	STEREOS MAX-600			600×600×600
	EOSINT M-250	粉末材料选择性烧结	金属基/陶瓷基粉、塑料粉、金属粉等	250×250×150
	EOSINT P-350			340×345×590
	EOSINT S-700			720×380×400
F&S(德国)	LMS	液态光敏聚合物选择性固化	液态光敏聚合物	450×450×350
KINERGY(新加坡)	ZIPPY Ⅰ	薄形材料选择性切割	卷材	380×280×340
	ZIPPY Ⅱ			1180×730×550
	ZIPPY Ⅲ			750×500×450
清华大学(中国)	SSM-500	薄形材料选择性切割	卷材	500×400×400
	MEM-250	丝状材料选择性熔覆	塑料/蜡丝	250×250×250

续表

制造公司	型　号	成形方法	采用原材料	最大制件尺寸/mm
清华大学（中国）	M-RPMS250	薄型材料选择切割和丝状材料选择性熔覆	卷材、塑料/蜡丝	250×250×250
北京隆源自动成形系统有限公司（中国）	AFS-300 AFS-320 AFS-320MZ AFS-320YS	粉末材料选择性烧结	塑料粉、金属基/陶瓷基粉	ϕ300×400 ϕ350×400
NTT DATA CMET（日本）	SOUP-250GH	液态光敏聚合物选择性固化	液态光敏聚合物	250×250×250
	SOUP-400			400×400×400
	SOUPⅡ-600GS			600×600×500
	SOUP-850PS			600×850×500
	SOUP-1000GS/GA			1000×800×500

针对典型RP系统的不同，用户在选用时要根据自身的实际情况和本地区的实际情况正确地进行选择。

7.2.2　主要增材制造技术的选用原则

综合各方面的因素，主要增材制造技术的选用原则如图7-5所示。其中主要有以下几个方面。

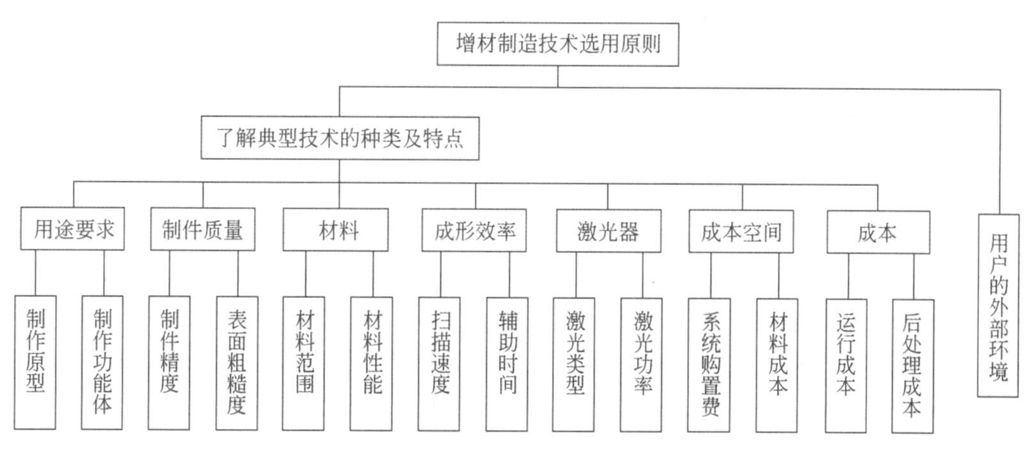

图7-5　增材制造技术的选用原则

1. 成形件的用途

成形件可能有多种不同的用途要求，但是，每种类型的快速成形机只能满足有限的要求。

（1）检查和核实形状、尺寸用的样品

这种要求比较简单，绝大多数精度较好的快速成形机均可达到这种要求。

（2）性能考核用样品

对于这种用途要求，样品的材质和机械性能要接近真实产品。因此，必须考虑所选快速成形机能否直接或间接制作出符合材质和机械性能要求的工件。例如,对于要求具有类似ABS塑料性能的工件,用SLA和FDM型快速成形机可以直接制作,用LOM快速成形机不能直接制作,但能间接通过反应式注塑法制作。对于要求有类似金属性能的工件,用SLS型快速成形机可以直接制作(但一般须配备后续烧结、渗铜工序),用SLA、FDM和LOM型等快速成形机不能直接制作,只能间接通过熔模铸造等方法制作。

(3) 模具

快速制模(rapid tooling,RT)是增材制造技术的主要应用方向之一,目前的RT技术主要有两个研究方向,一个是DRT(direct rapid tooling,直接快速制模),它主要有三种方法:①软模技术;②准直接快速制模技术;③真DRT技术。另一个是IRT(indirect rapid tooling,间接快速制模),它也有两种方法:①通过RP方法成形一个模腔(塑料、蜡等),再通过模型用铸造、电极成形、金属喷镀等方法成形模具;②通过RP方法生产铸型(砂型或壳型),再通过铸造技术用这些砂型或壳型生产模具。

(4) 小批量和特殊复杂零件的直接生产

对于小批量和复杂的塑料、陶瓷、金属及其复合材料的零部件,可用SLS方法直接增材制造。目前,人们正在研究功能梯度材料的SLS增材制造,零件的直接增材制造对航空航天及国防工业有着非常重要的价值。

(5) 新材料的研究

这些新材料主要是指复合材料、功能梯度材料、纳米材料、智能材料等新型材料。这些新型材料一般由两种或两种以上的材料组成,其性能优于单一材料的性能。

对于以上用途(1)~(3)中,除个别用途外,其他用途采用LOM、SLA、SLS和FDM均可。但(4)、(5)目前采用SLS方法最为合适。

2. 成形件的形状

对于形状复杂、薄壁的小工件,比较适合用SLS、SLA和FDM快速成形机制作;对于厚实的中、大型工件,比较适合用LOM型快速成形机制作。

3. 成形件的尺寸大小

每种型号的快速成形机所能制造的最大制件尺寸有一定的限制。通常,工件的尺寸不能超过上述限制值。然而,对于薄形材料选择性切割快速成形机,由于它制作的纸基工件有较好的粘结性能和机械加工性能,因此当工件的尺寸超过机器的极限值时,可将工件分割成若干块,使每块的尺寸不超过机器的极限值,分别进行成形,然后再予以粘结,从而拼合成较大的工件。同样,SLS、SLA和FDM制件也可以进行拼接。

4. 成本

(1) 设备购置成本

此项成本包括购置快速成形机的费用,以及有关的上、下游设备的费用。对于下游设备除了通用的打磨、抛光、表面喷镀等设备之外,SLA快速成形机最好配备后固化用紫外箱,SLS快速成形机往往还需配备烧结炉和渗铜炉。

(2) 设备运行成本

此项成本包括设备运行时所需的原材料、水电动力、房屋、备件和维护费用,以及设备折旧费等。对于采用激光作成形光源的快速成形机,必须着重考虑激光器的保证使用寿命和维修价格。例如，紫外激光器的保证使用寿命为 2000h，紫外激光管的价格高达上万美元；而 CO_2 激光器的保证使用寿命为 20000h，在此期限之后尚可充气，每次充气费用仅为几百美元，原材料是长期、大量的消耗品，对运行成本有很大的影响。一般而言，用聚合物为原料时，由于这些材料不是工业中大批量生产的材料，因此价格比较昂贵而纸基材料比较便宜。然而，用聚合物（液态、粉末状或丝状）成形时，材料利用率高，用纸成形时，材料利用率较低。

（3）人工成本

人工成本包括操作快速成形机的人员费用，以及前、后处理所需人员的费用。

5. 技术服务

① 保修期。从用户的角度来看，希望保修期越长越好。

② 软件的升级换代。供应商应能够免费提供软件的更新换代。

③ 技术研发力量。由于 RP 技术是一项正在发展的新技术，用户在使用过程中难免会出现一些新的问题，若供应商的技术研发力量强，则会很快解决这些问题，从而把用户的损失降到最低程度。

6. 用户环境

用户环境是一项非常重要却极容易被忽视的原则，因为对大多数企业来说，想迅速应用增材制造技术尚存在一定障碍，因增材制造装备技术含量高，购买、运行、维护费用较高，一些效益较好的大中型企业尽管具有经济技术实力，但对适合于不同产品对象的众多快速成型机和单个企业相对狭窄的可应用范围及较小的工作量往往感到无所适从。社会上众多的中小企业一是受经济条件制约；二是自身增材制造制件工作量小；三是自身增材制造技术力量薄弱，运用增材制造装备时心有余而力不足。在这种情况下，有条件、有能力购买增材制造装备的企业，既要考虑自身的需要，又要考虑本地区用户的需求，为其服务，使设备满负荷运转，充分发挥设备的潜能。

总之，用户在使用或购买增材制造装备时，要综合各种因素，初步确定所选择的机型，然后对其设备的运行状况和制件质量进行实地考察，综合考虑制造商的技术服务和研发力量等各种因素后，最后决定购买哪家制造商的增材制造装备。

思考与练习

1. 简述其他主要的增材制造技术。
2. DLP 光固化技术的原理是什么？
3. 3DP 打印技术的主要特点是什么？
4. 论述并比较 SLA、SLS、LOM 和 FDM 增材制造技术。
5. 简述快速制模制造的常用方法。

8

第◆章

CHAPTER 8

金属材料的增材制造

本章重点

1. 了解金属材料培植制造的发展历程。
2. 掌握选区激光熔化制造技术的成形原理。
3. 掌握激光立体成形制造技术的成形原理。
4. 掌握电子束选区熔化制造技术的成形原理。
5. 掌握电子束熔丝制造技术的成形原理。
6. 掌握选区激光熔化制造技术的成形工艺。
7. 掌握激光立体成形制造技术的成形工艺。
8. 掌握电子束选区熔化制造技术的成形工艺。

本章难点

1. 选区激光熔化制造技术的成形工艺。
2. 激光立体成形制造技术的成形工艺。
3. 电子束选区熔化制造技术的成形工艺。

增材制造技术自 20 世纪 80 年代出现以来，经过 30 余年的发展，已经成为当前先进制造技术领域技术创新蓬勃发展的源泉，以 3D 打印技术为全新概念的增材制造技术已经成为当前包括中国、美国在内的世界主要制造大国实施技术创新、提振本国制造业的重要着力点。直接制造金属零件以及金属部件，甚至是组装好的功能性金属制件产品，无疑是制造业对增材制造技术提出的终极目标。

8.1 金属材料增材制造的发展历程

金属材料增材制造的加热方式应用较多的有激光、电子束、等离子束、电弧等，增材制造材料的形状有粉状、丝状、箔状等。下面主要从金属材料物理冶金学和零件的力学性能角度分析金属材料增材制造的发展历程。

1. 快速原型阶段

快速原型阶段是3D打印技术的初始研发阶段，通过某种打印技术完成零件的制作，零件的成形精度、基体的致密度较差，通常情况下还无法达到使用性能要求，但就成形方式来说已经具有划时代意义了，例如SLS(选区激光烧结成形技术)。

2. 致密化阶段

除特殊要求外，绝大多数金属零件都需要满足一定的力学性能才能使用，降低孔隙率、增加致密度是3D打印致密化阶段的首要任务。

实现零件的致密化有两种途径：第一种途径是将原有孔隙率较高的3D打印零件致密化处理，例如华中科技大学科研团队开发的SLS/RP技术，在SLS成形之后增加等静压工艺可将零件的孔隙率降低到百分之几；第二种途径是开发新工艺，例如SLM(选区激光熔化成形技术)，可以直接获得致密度99%以上的金属零件，很好地提高了零件的力学性能。

3. 工艺性能提升阶段

21世纪初，各研究团队为了打印出形状复杂、大型、精密的零件，和继续提升零件的力学性能以达到3D打印零件的实际工程应用付出了诸多努力，也收到了丰硕的成果。华中科技大学的智能微铸锻铣成形技术、西安铂力特激光立体成形技术，不但在成形技术上有了重大突破，而且在零件的力学性能上获得了大幅提升，甚至可以与相同材质的锻件相媲美，开辟了金属3D打印从实验室走向实际工程应用的新时代。

4. 技术成熟阶段

3D打印技术以其柔性、节能环保、适应性强的优势受到各国政府的青睐，近30年来3D打印技术的发展速度令人瞠目结舌，到目前为止已有大量3D打印零件商用化的案例。空客计划2050年全部采用3D打印技术完成零部件的生产，4D打印技术的开发等都为3D打印技术描绘了美好的未来。随着众多科研人员的不断努力，3D打印必将走向成熟，成为机械制造行业的主要成形技术之一。

金属材料的增材制造技术在航空航天、医疗等领域应用迅速扩大，具有巨大的发展潜力，是目前先进制造技术的重要发展方向。我国开展金属材料3D打印技术研究的时间基本与国际同步，在某些研究领域处于国际领先地位。其中，比较成熟的金属材料的增材制造技术主要有选区激光熔化制造技术(selective laser melting, SLM)、激光立体成形制造技术(laser solid forming，LSF)、电子束选区熔化制造技术(electron beam selective melting, EBSM)、电子束熔丝制造技术(electron beam freeform fabrication, EBF3)等。这些工艺技术突破了传统制造工艺的变形成形和去除成形的常规思路，基于离散/堆积的原理，实现零件从无到有的过程。

8.2 选区激光熔化制造技术

选区激光熔化制造技术可直接制造精密复杂的金属零件，是增材制造技术的主要发展方向之一。它是20世纪90年代中期在选区激光烧结技术(SLS)的基础上发展起来的，综合运用了新材料、激光技术、计算机技术等前沿技术，是新时代极具发展潜力的高新技术。SLM技术利用高功率密度的激光束直接熔化金属粉末，获得冶金结合、材料致密性接近100%、具有一定尺寸精度和表面粗糙度的金属实体零件。并且可以实现全自动化高速生产，产品在数小时内就能生产出来，甚至无须热处理或渗透等后处理工艺过程。

SLM技术适合加工形状复杂的零件，尤其是具有复杂内腔结构和具有个性化需求的零件，适合小批量生产，如图8-1所示。目前，国外EOS、SLM Solutions、Concept Laser和MCP等公司在SLM技术的生物医学应用领域开展了广泛的研究，国内华南理工大学、华中科技大学在SLM技术及医学应用方面开展了广泛的研究。

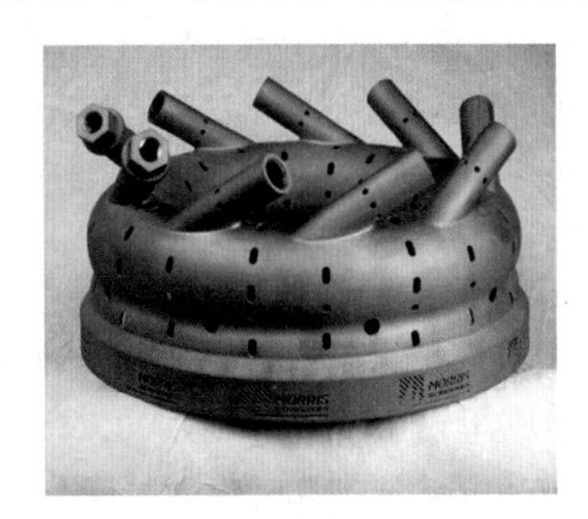

图8-1 选区激光熔化成形技术生产的金属件

近年来，SLM技术在国内外得到了飞速的发展，从设备的开发、材料与工艺研究等方面都有了较高的突破，并且在许多领域得到了应用。例如，用SLM技术制造的航空超轻钛结构件具有大的表面积、体积比，零件的重量可以减轻90%左右；利用SLM方法制造的具有随形冷却流道的刀具和模具，可以使其冷却效果更好，从而减少冷却时间，提高生产效率和产品质量；用SLM方法制造的生物构件，形状复杂，密度可以任意变化，体积孔隙度可以达到75%～95%。

8.2.1 SLM的成形原理

SLM技术的成形原理如图8-2所示。先在计算机上利用Pro/E、UG、CATIA等三维造型软件设计出零件的三维实体模型或通过反求工程得到零件的三维实体模型，然后通过切片软件对该三维CAD数据模型进行切片离散，得到各截面的轮廓数据，这些轮廓数据按一定规则生成填充扫描路径，然后计算机逐层读入路径信息文件，控制扫描振镜在X-Y向的偏转来实现激光束按照规划的路径进行扫描。激光束开始扫描前，铺粉装置先把金属粉末平推到成形缸的基板上，激光束再按当前层的填充轮廓线选区熔化基板上的粉末，加工出当前层，然后成形缸下降一个加工层厚的高度，同时粉料缸上升一定的高度，铺粉装置将粉末从粉料缸刮到成形缸，设备调入下一层轮廓的数据进行加工，如此重复，层层熔化并堆积成组织致密、冶金结合的实体，直至加工过程完成，得到与三维实体模型相同的三维金属零件。整个加工过程在通有惰性气体保护的加工室中进行，以避免金属在高温下与其他气体发生反应。但是目前这种技术受成形设备的限制无法成形出大尺寸的零件。

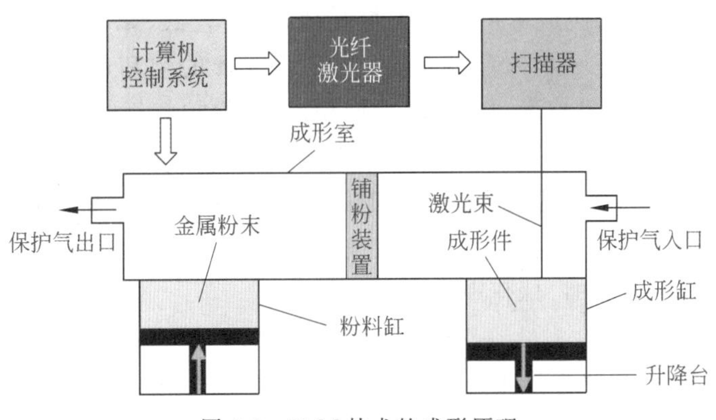

图 8-2 SLM 技术的成形原理

8.2.2 SLM 的成形工艺

1. SLM 的成形工艺原理

SLM 技术的工艺原理是利用激光的高能光束对材料有选择地扫描，使金属粉末吸收能量后温度迅速升高，发生熔化并接着进行快速固化，实现对金属粉末材料的激光加工。激光与金属材料作用时，激光能量可分为三大部分：一部分能量被金属粉末材料表面反射，加热周围环境，即损失的激光能量；一部分能量被激光作用区域内的金属粉末吸收，用于熔化材料，即是粉末材料直接吸收的激光能量；其余一部分激光能量传递给低层的粉末材料，即粉末层传递的激光能量。有研究表明在粉末成形过程中激光的有效利用率很低，只有很少的热量用来使粉末材料和基材表层熔化。一般来说，激光只在 0.01～0.1mm 的厚度范围内被吸收并转化为热能，使金属表面温度升高，而内部金属温度的升高则是通过金属的热传导方式进行的。

2. SLM 的成形工艺过程

SLM 金属粉末材料的选取十分广泛，理论上凡能够被激光加热后形成原子间粘结的粉末材料都可以作为选区激光熔化成形的材料。目前国内外研究的 SLM 金属粉末包括铜、铁、铝及铝合金、钛及钛合金、镍及镍基合金、不锈钢(309L，316L)、工具钢等。

金属粉末进行选区激光熔化成形过程一般可分为三个过程：第一，部分金属粉末表面局部熔化而粘结相邻的粉末，从而形成微熔粘结的特征；第二，金属粉末吸收能量进一步的增加，当熔化的金属粉末达到一定数量以后形成金属熔池，随着激光束的移动，在以体积力和表面力为主的驱动下，熔池内的熔体呈现为相对流动；第三，熔池中熔体的对流不仅能加快金属熔体的传热，还能将熔池周围的粉末粘结起来，使进入熔池的粉末在流动力偶的作用下进入熔池内部而熔化。沿激光移动方向的截面内，熔池前沿的金属粉末不断熔化，后沿的液相金属持续凝固，随着激光束向前运动，在光束路径内逐步形成连续的凝固线条，实现金属成形。

3. 球化现象

球化现象指金属粉末在熔化成形时，熔化的金属材料由于较大的粘流梯度，不润湿下层的固体，熔体在表面张力作用下变成球状的现象。球化现象对 SLM 成形过程和质量都非常不利，一方面使成形层留有大量孔隙，强度较低，影响零件的致密度和成形质量差；另一方面妨碍下一粉末层的铺放，不利于成形的顺利进行。成形时发现通过适当地调整激光功率、扫描速度、扫描间隔、铺粉厚度、保护气氛等工艺参数，可以明显地弱化甚至消除球化现象。另外，粉体的物理、化学性能等因素也对球化现象有所影响。

大部分的单一金属粉末在激光的作用下都会发生球化现象，如镍粉、锌粉、铝粉和铅粉等。其中铝粉和铅粉起球现象最为明显；铁粉的起球现象不是很明显，球化的颗粒也较小。在采用惰性气体保护时，球化现象明显减弱。

4. SLM 的工艺参数

SLM 的工艺参数主要包括激光功率、光斑直径、扫描速度、扫描间距、铺粉厚度等。

(1) 激光功率。激光功率主要影响激光作用区内的能量密度。激光功率越高，激光作用范围内激光的能量密度越高，相同条件下，材料的熔融就越充分，越不易出现粉末夹杂等不良现象，熔化深度也逐渐增加。然而，激光功率过高，引起激光作用区内激光能量密度过高，易产生或加剧粉末材料的剧烈汽化或飞溅现象，形成多孔状结构，致使表面不平整，甚至翘曲、变形。

(2) 光斑直径。正如数控机床中刀具大小对加工精度的影响，激光光斑直径是 SLM 设备的重要指标。在 SLM 成形过程中，光斑直径属于亚毫米级，单层厚度也比较薄，熔池的体积较小，表现出“小孔效应”。激光器直接决定了整个设备的成形质量，设备通常使用具有高功率密度的激光器，以光斑很小的激光束加工，使得加工出来的零件具有很高的尺寸精度(达 0.1mm)以及好的表面粗糙度($Ra\,30\sim50\mu m$)。SLM 设备所采用的光纤激光器具有转换效率高、性能可靠、寿命长、光束模式接近基模等优势。激光束能被聚集成极细微的光束，并且其输出波长较短。扩束镜的作用是扩大光束直径，减小光束发散角，减小能量损耗。扫描振镜由计算机进行控制的电机驱动，作用是将激光光斑精确定位在加工面的任一位置。

(3) 扫描速度。单层扫描成形体表面质量与扫描速度也有着密切的关系。高功率快速扫描时表面粗糙，这是熔池中的对流造成的，而对流是熔池温度梯度所引起的表面张力梯度所致。低速扫描会增加熔池的驻留时间，减弱温度梯度、表面张力梯度及对流强度，使粉末熔化充分，从而得到较好的表面粗糙度。但是速度过低时，粉末吸收激光能量增加，会在表面产生明显的波纹状影响表面的质量。

(4) 扫描间距。扫描间距是指相邻两激光束扫描行之间的距离。它的大小直接影响到传输给粉末能量的分布、成形体的精度。一般情况下，扫描间距小于金属粉末的熔融宽度，当扫描间距大于熔融宽度时，扫描区域彼此分离，使相邻两条熔化区域之间粘结不牢或无法连接，导致成形件的表面凸凹不平，严重影响制件的强度。扫描间距过小，扫描线重叠严重，相邻区域的部分金属重复熔化，导致粉末熔化成形效率降低，制件产生翘曲和收缩缺陷，甚至引起材料的汽化、变形。

(5) 铺粉厚度。每层粉末的厚度等于工作平面下降一层的高度，即层厚，在工作台上铺粉末的厚度应等于层厚。当要求较高的表面精度或产品强度时，层厚应取较小值。厚度越小，层与层结合强度越高，产品强度越高，表面质量越好，但是会导致打印效率下降、成形的总时间成倍增加。

8.2.3 SLM的成形特点

1. 零件致密度好，形状不受限制

选区激光熔化技术不需铸模或锻模，采用相应的金属粉末制造出来的零件，相对密度接近100%，甚至是具有冶金结合的完全实体，大大改善了金属零件的性能，并且可以直接制成终端金属产品，节省了选区激光烧结工艺对成形零件的后处理环节，缩短了成形周期。该技术不存在传统机械加工工艺中复杂构件的加工死角等难题，适合任意复杂形状的金属零部件制造。

2. 零件成形精度高，材料范围广

由于选区激光熔化加工系统使用具有高功率密度的激光器，以光斑很小的激光束加工金属，加工出来的金属零件具有很高的尺寸精度，可达0.1mm，表面粗糙度可达 Ra 30～50μm。由于激光光斑直径很小，因此能以较低的功率熔化高熔点的金属，使得用单一成分的金属粉末制造零件成为可能，而且可供选用的金属粉末种类也大大拓展了，理论上凡能够被激光加热后形成原子间粘结的粉末材料都可以作为选区激光熔化成形的材料。

3. 需要选用高功率密度的激光器

为成形高致密性金属零件，同时为保证成形精度，要求激光束能聚焦到几十微米大小的光斑，以较快的扫描速度熔化大部分的金属材料，并且不会因为热变形影响成形零件的精度，需要用到高功率密度激光器。由于金属材料对 CO_2 激光吸收率很差，不能满足选区激光熔化的成形精度要求；灯泵浦的Nd:YAG由于光束模式差也很难同时满足高的激光功率密度及具有细微聚焦光斑的要求。因此，选区激光熔化系统通常采用半导体泵浦的Nd:YAG激光器或光纤激光器。

4. 无法成形大尺寸零件

近年来，虽然国内外有多家科研机构和厂家都开发出了较为先进的SLM设备，并且有了成熟的应用，但目前由于激光器功率和扫描振镜偏转角度的限制，SLM设备能够成形的零件尺寸范围有限，这使得SLM设备无法成形较大尺寸的金属零件，也限制了SLM技术的推广应用。目前，国外的SLM设备厂家正在研发大尺寸零件的成形设备，如Concept Laser公司开发出的M3设备已经能够成形尺寸达到300mm×350mm×300mm的金属零件。

5. SLM设备成本高，性价比低

SLM设备对于目前的机械加工业来说，是一个极大的创新和补充，但是SLM设备高昂的价格阻碍了它的推广和应用。国外SLM设备售价约为500万～700万元人民币，还不包括后续的材料使用费等，国内的企业一般承担不了如此高的成本。为了更好地推广和发展，SLM设备必将不断降低成本，向着高性价比的趋势发展。

8.2.4 SLM技术的应用及发展趋势

SLM成形技术的应用范围比较广,主要是机械领域的工具及模具、生物医疗领域的生物植入零件或替代零件、电子领域的散热器件、航空航天领域的超轻结构件、梯度功能复合材料零件。

近年来,SLM技术在国内外得到了飞速的发展,从设备的开发、材料与工艺研究等方面都有了较高的突破,并且在许多领域得到了应用。例如,用SLM技术制造的航空超轻钛结构件具有高的表面积、体积比,零件的重量可以减轻90%左右。利用SLM方法制造的具有随形冷却流道的刀具和模具,可以使其冷却效果更好,从而减少冷却时间,提高生产效率和产品质量。用SLM方法制造的生物构件,形状复杂,密度可以任意变化,体积孔隙度可以达到75%~95%。

8.3 激光立体成形制造技术

激光立体成形(laser solid forming, LSF)技术是将增材成形原理与自动送粉激光熔覆技术相结合,集激光技术、计算机技术、数控技术和材料技术等诸多现代先进技术于一体的一项实现高性能致密金属零件快速自由成形的增材制造技术。LSF技术可以实现力学性能与锻件相当的复杂高性能金属结构件的高效率制造,并且成形尺寸基本不受限制(取决于设备运动幅面),同时LSF技术所具有的同步材料送进特征可以实现同一构件上多材料的任意复合和梯度结构制造,便于进行新型合金设计,并可用于损伤构件的高性能成形修复。另外,以同步材料送进为主要技术特征的激光立体成形技术还可方便地同传统的加工技术,如锻造、铸造、机械加工或电化学加工等材或减材加工技术相结合,充分发挥各种加工技术的优势,形成金属结构件的整体高性能、高效率、低成本成形和修复新技术。

8.3.1 LSF的成形原理

激光立体成形技术的基本原理如图8-3所示,先在计算机中生成零件的三维CAD模型,然后将该模型按一定的厚度切片分层,即将零件的三维数据信息转换成一系列的二维轮廓信息,然后将分层后的数据按一定的方式进行处理,在计算机的控制下,用激光熔覆的方法将材料按照二维轮廓信息逐层堆积,得到三维实体零件或需进行少量机械加工的近形件。

8.3.2 LSF技术的成形工艺

由于激光立体成形材料的熔化、凝固和冷却都是在极快的条件下进行的,如果成形工艺控制不当,有可能在成形件中形成裂纹、气孔、夹杂、层间结合不良等冶金缺陷,降低成形件的力学性能。若工艺控制合适,基本上可以完全消除上述冶金缺陷,获得与锻件性能相当的成形件。

1. 粉末形貌

若激光立体成形采用的粉末形状不规则,含气量较高,将容易在成形件内部产生气孔。通过采用规则,无气孔和干燥的类球形粉末可以有效避免成形件中出现气孔缺陷。

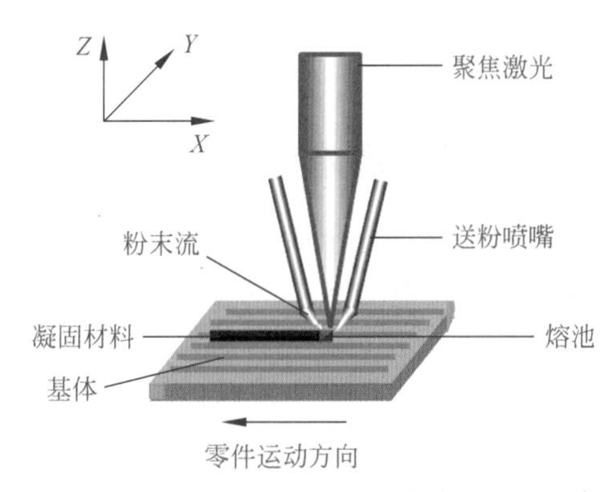

图 8-3 激光立体成形技术的基本原理图

2. 搭接率

搭接率即是不同熔覆沉积层和沉积道间的搭接量。它是影响熔合不良缺陷产生的一个重要工艺参数,当搭接率较小时,在道与道之间出现了局部熔合不良缺陷。因此,选择合适的搭接率就能避免局部熔合不良的产生,得到无缺陷的沉积层。

3. 激光能量

由于激光立体成形过程中始终伴随着较高的热应力,若材料的合金化程度较高,显微偏析较严重,裂纹敏感度较高,则在激光立体成形过程中容易发生开裂。在保证沉积层和基体之间、沉积层的层与层之间达到足够强度的冶金结合的同时,降低激光立体成形过程中的能量输入可以减少热应力的产生,在一定程度上减少和抑制裂纹的产生。

8.3.3 LSF 的主要特点

激光立体成形技术除了具有增材制造技术的柔性好(不需专用工具和夹具)、加工速度快、对零件的复杂程度基本没有限制等优点外,还具有以下优点。

1. 材料具有优越的组织和性能

利用激光束与材料相互作用时的快速熔化和凝固过程,可以在材料内部得到细小、均匀、致密的组织,消除成分偏析的不利影响,从而提高材料的力学性能和耐腐蚀性能。

2. 制造速度快、节省材料、降低成本

激光立体成形技术直接使用金属材料制作零件或近形件,后续的机械加工量很小,极大地节省了材料。生产全过程简化为零件的计算机设计、激光立体成形和少量后期处理三步,省去了设计和加工模具的时间和费用,大幅度缩短了加工周期。

3. 能够合理控制零件不同部位的成分和组织

激光立体成形技术采用熔覆方法堆积材料,可以很方便地在零件的不同部位得到不同的成分,特别是采用自动送粉熔覆的方式进行加工时,通过精确控制送粉器,几乎可以在零件的任意部位获得所需要的成分,实现零件材质和性能的最佳搭配。这是传统的铸造和锻造技术无法实现的。

4. 可以加工一些熔点高、难加工的材料

激光立体成形技术由于激光束的能量密度很高,而且激光束与材料之间属于非接触加工,因此该技术加工熔点高、加工性能差的材料,如钨、铌、钼和超合金等,其难度与普通材料相同。

8.3.4 LSF技术的应用及发展趋势

激光立体成形技术的主要应用之一是金属零件的激光立体成形,该技术最初主要应用于航空、航天等高科技领域,成形材料也主要涉及钛合金、高温合金、高强钢等航空、航天用先进材料。2000年,美国Boeing公司首先宣布采用LSF技术制造的三个钛合金零件在F-22和F/A-18E/F飞机上获得应用。我国西北工业大学于1995年开始至今持续对LSF技术进行了系统化的研究,形成了包括材料、工艺、装备和应用技术在内的完整的技术体系,并在多个型号飞机、航空发动机上获得了广泛的装机应用。近年来,随着该技术在成形原理、工艺装备、材料制备和成形件性能等方面研究工作的不断深化,以及激光材料加工技术成本的不断降低,激光立体成形技术开始逐渐应用于汽车工业、模具设计与制造、医学等更广阔的领域。

激光立体成形技术的另一个应用是高性能激光修复。可以应用激光立体成形的逐点增材制造特性对缺损零件的缺损部位的形状和性能进行修复。由于激光立体成形过程中可以同步控制成形合金的成分和组织,因此可以使修复区的材料性能与零件本体的性能保持高度一致,从而实现高性能匹配修复。

激光立体成形技术经过近十年的发展已经取得了长足的进步,但是,该技术要在国内获得广泛应用,LSF技术未来的发展还需从以下几个方面开展深入研究。

(1) 工艺方面,由于该技术所涉及的多为国防高科技领域,因而工艺的保密级别较高,所有的文献均不报道工艺研究的细节,因此很多重要的工艺问题仍然需要解决。

(2) 材料方面,目前激光立体成形加工所使用的材料大都是一些工程中实际应用的材料,如钢材、高温合金、钛合金等,这些材料的成分并不一定适合于进行激光立体成形加工,因此必须针对该技术开发适用的合金材料。

(3) 激光涂覆过程的实时观测技术,对激光涂覆过程进行实时观察和测量是准确把握其内在机理的最有效的途径,继续发展激光涂覆过程的实时观测技术对于全面掌握激光涂覆的内在机理必将起到巨大的推动作用。

(4) 成形效率,激光立体成形技术也面临着成形速度和成形精度的取舍问题。就目前而言,激光立体成形技术的成形精度还不够高,所制造的零件大多属于近形件,仍需进行最终的机加工方能使用。虽然Sandia国家实验室通过牺牲成形速率获得较高的成形精度,但其整体效率并不一定高。因此,还需要进行大量的工艺实验以确定在不同的情况下如何使成形精度和成形速度达到最佳匹配,获得最高的成形效率。

8.4 电子束选区熔化制造技术

电子束选区熔化(electron beam selective melting, EBSM)制造技术是瑞典ARCAM公司最先开发的一种增材制造技术。类似于激光选区熔化,电子束选区熔化技术是利用电子束在真空室中逐层熔化金属粉末,由CAD模型直接制造金属零件。与激光选取熔化技术相比，电子束选区熔化技术具有能量利用率高、无反射、功率密度高、扫描速度快，高真空保护、加工材料广泛、运行成本低等优点，原则上可以实现活性稀有金属材料的直接洁净与快速制造，在国内外受到广泛的关注。

8.4.1　EBSM 成形的原理

电子束选区熔化技术是在真空环境下以电子束为热源，以金属粉末为成形材料，高速扫描加热预置的粉末，通过逐层熔化叠加，获得金属零件。其工作原理如图 8-4 所示。首先，在工作台上铺一薄层粉末，电子束在电磁偏转线圈的作用下由计算机控制，根据制件各层截面的 CAD 数据有选择地对粉末层进行扫描熔化，熔化区域的粉末形成冶金结合，未被熔化的粉末仍呈松散状，可作为支撑，一层加工完成后，工作台下降一个层厚的高度，再进行下一层铺粉和熔化，同时新熔化层与前一层金属体熔合为一体，重复上述过程直至零件加工结束。这种技术可以成形出结构复杂、性能优良的金属零件，但是成形尺寸受到粉末床和真空室的限制。

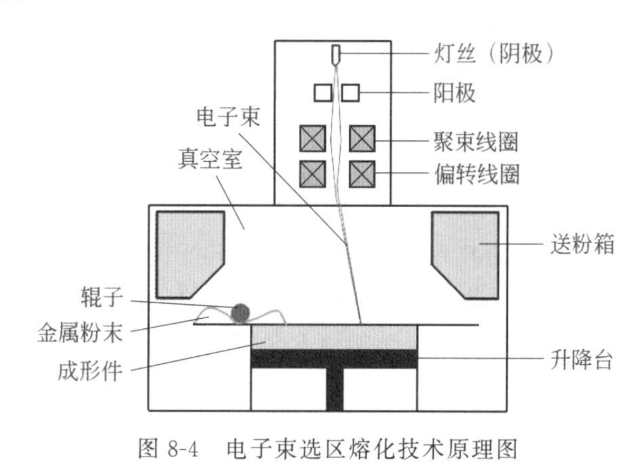

图 8-4　电子束选区熔化技术原理图

8.4.2　EBSM 成形工艺

1. 粉末溃散

电子束与激光相比，具有能量利用率高、作用深度大、材料吸收率高且稳定等优点，但也存在一个比较特殊的问题即“粉末溃散”现象。其原因是电子束具有较大动能，当电子高速轰击金属原子使之加热、升温时，电子的部分动能也直接转化为粉末微粒的动能，导致金属粉末在成形熔化前偏离原来位置，无法进行后续的成形工作。成形中避免粉末溃散现象的有效方法主要有四种：降低粉末的流动性，对粉末进行预热，对成形底板进行预热，优化电子束扫描方式。

2. 变形与开裂

复杂金属零件在直接成形过程中，由于热源迅速移动，粉末温度随时间和空间急剧变化，导致热应力的形成。另外，由于电子束加热、熔化、凝固和冷却速度快，同时存在一定的凝固收缩应力和组织应力，在多种应力的综合作用下，成形零件容易发生变形甚至开裂。

3. 扫描方式

与激光扫描不同,电子束依靠电磁场的聚焦和偏转进行扫描,可以实现快速扫描,扫描速度可达 200m/s。而电子束扫描方式对于维持成形温度、保证材料完全熔化以及防止粉末溃散等都至关重要。成形过程中扫描线长度突变易造成粉末溃散,熔化不充分,球化等不良现象。

8.4.3 EBSM 成形特点

电子束选区熔化成形过程中,电子束的偏转轨迹受磁场控制,没有惯性约束,可以迅速地改变扫描方向,能够实现锐利的尖角。成形过程中温度场分布均匀,热应力引起的变形小。可以成形任意复杂形状的零件。成形过程中粉末颗粒完全熔化,形成致密的冶金结合,成形零件的力学性能优良,可以与锻件相比。

电子束选区熔化成形技术无法满足大尺寸零件的成形。成形零件尺寸增大除了考虑成形真空室的增大,更重要的是考虑电子束的偏转精度和焦斑直径的稳定。随着成形零件尺寸的增加,电子束的偏转角度增大,偏转精度降低;电子束在固定的聚焦电流下,在偏转角不同时电子束的焦斑直径不同,从而在成形区域粉末熔池大小和形状不同,导致成形精度和质量下降。

8.4.4 EBSM 技术的应用及发展趋势

目前 EBSM 技术所展现的技术优势已经得到广泛的认可,吸引了诸如美国 GE、NASA、橡树岭国家实验室等一批知名企业和研究机构的关注,投入了大量的人力物力进行研究和开发,制备的零件主要包括复杂的钛合金零件、脆性金属间化合物零件及多孔性金属零件,并且已经在生物医疗、航空航天等领域取得一定的应用。

由于 EBSM 技术在真空环境下成形,为化学性质活泼的钛合金提供了出色的加工条件,又加上增材制造技术柔性加工的共同特点,因此能够通过 EBSM 技术一次加工具有任意曲面和复杂曲面结构,各种异型截面的通孔、盲孔,各种空间走向的内部管道和复杂腔体结构的钛合金零件。EBSM 成形过程粉末床一直处于高温状态,可有效释放热应力,避免成形过程的开裂,这使得其在一些脆性材料如 TiAl 合金,相对于其他金属增材制造技术具有显著优势。相比于熔体发泡、粉末冶金等传统金属多孔材料制备技术,EBSM 技术不仅可以实现孔结构的精确控制,而且在复杂孔结构的制备方面具有传统技术无可比拟的优势。目前 EBSM 制备金属多孔材料最为典型的应用主要集中在生物植入体方面,如在 2007 年,意大利 Adler Ortho 公司采用 EBSM 技术制备出表面具有人体骨小梁结构的髋关节产品获得欧洲 CE 认证。2010 年,美国 Exactech 公司采用 EBSM 技术制备的同类产品通过了美国 FDA 认证。

目前,EBSM 技术已经发展成为金属增材制造技术的重要分支,在航空航天、生物医用等领域展现出广阔的应用前景。然而由于研究时间较短,EBSM 成形过程中的一些关键科学问题尚未明晰,材料、装备与技术还有待深入发展,未来的发展主要集中在以下几个方面。

(1) 材料方面。制备合适物理性能的原料粉末,针对 EBSM 技术特点制备专用合金成分。从单一金属或合金向多材料任意复合及具有可设计的结构、功能一体化的新型材料方向发展。

(2) 技术方面。发展大尺寸复杂、精密、薄壁零件的电子束选区熔化技术。发展零件的组合加工一体的电子束选区熔化成形技术等。

(3) 成形设备方面。开发宽幅域、高精度、高速扫描偏转系统;开发大尺寸、高精度成形铺粉系统;发展束斑稳定、寿命长、多枪耦合的电子束系统;发展成形表面温度闭环控制、扫描路径智能规划、缺陷诊断及反馈等控制系统,实现成形装备的智能化。

8.5　电子束熔丝沉积制造技术

电子束熔丝沉积制造技术(electron beam freeform fabrication,EBF)是近年来发展起来的一种新兴增材制造技术。该技术具有成形速度快、保护效果好、材料利用率高、能量转化率高等特点,适合大中型钛合金、铝合金等活性金属零件的成形制造与结构修复,但该技术精度较差,需要后续表面加工。

电子束熔丝沉积增材制造技术在航空航天、医疗等领域具有很大的潜在应用价值。目前,国外的美国航空航天局兰利研究中心(NASA Langley Research Center)、Sciaky 公司、Lockheed Martin 公司等研究单位对电子束熔丝沉积制造技术开展了大量研究,开发出了电子束熔丝沉积成形设备,利用该项技术直接制造的 F-22 上钛合金支座成功通过了各项测试。国内的北京航空制造工程研究所在电子束熔丝沉积增材制造(EBF)技术的研究方面也取得了较大的进展,独立开发了电子束熔丝沉积增材制造设备。

8.5.1　EBF 的成形原理

与其他快速成型技术一样,电子束熔丝沉积增材制造需要对零件的三维 CAD 模型进行分层处理,并生成加工路径,利用电子束作为热源,熔化送进的金属丝材,按照预定路径逐层堆积,并与前一层面形成冶金结合,直至形成致密的金属零件。

电子束熔丝沉积增材制造的原理如图 8-5 所示。利用真空环境下的高能电子束流作为热源,直接作用于工件表面,在前一层增材或基材上形成熔池。送丝系统将丝材从侧面送入,丝材受电子束加热熔化,形成熔滴。随着工作台的移动,使熔滴沿着一定的路径逐滴沉积进入熔池,熔滴之间紧密相连,从而形成新一层的增材,层层堆积,直至成形出与设

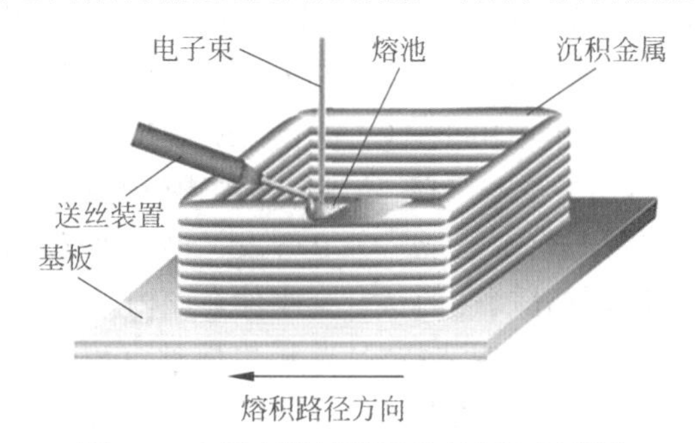

图 8-5　电子束熔丝沉积增材制造原理图

计形状相同的三维实体金属零件。

8.5.2 EBF的成形特点

电子束熔丝沉积增材制造相较于传统的制造工艺,可以大幅度减少原材料的消耗,并且缩短生产周期。相较于其他高能束增材制造技术,电子束熔丝沉积快速制造技术具有一些独特的优点,主要表现在以下几个方面。

1. 沉积效率高

电子束可以实现几十千瓦大功率输出,可以在较高功率下达到很高的沉积速率(15kg/h),对于大中型金属结构零件的成形,电子束熔丝沉积成形技术具有非常明显的优势。

2. 真空环境有利于零件的保护

电子束熔丝沉积成形在10^{-3}Pa真空环境中进行,能有效避免空气中有害杂质(氧、氮、氢等)在高温状态下混入金属零件,非常适合钛、铝等活性金属的加工。

3. 内部质量好

电子束是“体”热源,熔池相对较深,能够消除层间未熔合现象;同时,利用电子束扫描对熔池进行旋转搅拌,可以明显减少气孔等缺陷。电子束熔丝沉积成形的金属零件,无损探伤内部质量可以达到相关标准的Ⅰ级。

4. 可实现多功能加工

电子束输出功率可在较宽的范围内调整,并可通过电磁场实现对束流运动方式及聚焦的灵活控制,可实现高频率复杂扫描运动。利用面扫描技术,能够实现大面积预热及缓冷,利用多束流分束加工技术,可以实现多束流同时工作,在同一台设备上,既可以实现熔丝沉积成形,也可以实现深熔焊接。

但电子束熔丝沉积技术制造精度低,零件达到使用状态还需要进一步精加工,不适用于高度复杂无法再加工的零件。因此,实际应用过程中应该基于所需金属零部件的类型、服役条件、制造方法经济可承受性,选择合适的快速制造技术,充分发挥其独特的优势,抑制劣势。

8.5.3 EBF技术的应用及发展趋势

依据电子束熔丝沉积增材制造技术的特点,该技术可以用于大中型活性金属零件的制造。目前,美国军工巨头洛克希德·马丁公司与Sciaky公司合作,采用电子束熔丝沉积快速制造技术制造的钛合金零件成功用于F-35战斗机,并于2013年年初成功试飞。将电子束熔丝沉积快速制造技术应用于TC4钛合金航空典型结构件的制造,可以使该结构的材料利用率提高79%,制造成本下降50%。在国内,中航工业625所在电子束熔丝沉积快速制造技术方面取得了较大的进展,独立开发了电子束熔丝沉积快速制造设备,并于2012年将采用电子束熔丝快速制造的钛合金零件在国内飞机上率先实现了装机应用。

相比其他金属材料高能束增材制造技术,电子束熔丝沉积快速制造技术具有其他方法无可比拟的优越性。近十年来,虽然电子束熔丝沉积快速制造技术得到长足的发展,但是其内部冶金缺陷形成机制、显微组织形成规律、内应力演化规律及构件变形开裂预防控制等材料、工艺基础理论问题尚未完全解决，零件的性能、精度和效率尚不能令人满意，限制了其大规模工程应用。电子束熔丝沉积快速制造技术今后的发展方向是在进一步深入研究相关材料、工艺基础理论问题的基础上，提高零件性能、制造精度和效率，使其更适合于大规模工业应用。

8.6 复合增材制造技术

与传统去除成形方法相比，增材制造是一种基于材料增量制造理念的技术，是一种积分加工的技术，由于获得截面的方法不同，增材制造技术存在零件成形精度低、力学性能不足等问题。现已出现了若干种既保持增材制造技术优点又能吸收传统技术优势的复合增材制造新技术，比如增减法加工技术、激光熔融技术。以增材制造为主体工艺，在零件制造过程中采用一种或多种辅助工艺与增材制造工艺耦合协同工作，使工艺、零件性能得以改进。以基于机加工的复合增材制造技术为例，通常是完成若干层制造后，再进行机加工，循环交替直至完成零件制造。下面就以增减法加工技术为例进行阐述。

数控加工（减材制造）与增材制造的优缺点具有很强的互补关系。数控加工属于“减材加工”，将数控加工与增材制造进行有机集成，以实现增减材制造工艺的复合，不仅能够提高生产效率，降低生产成本，拓宽产品原料加工范围，还可以减少生产过程中切削液的使用，保护环境。

增减材复合加工技术是一种将产品设计、软件控制以及增材制造与减材制造相结合的新技术。借助于计算机生成的CAD模型，并将其按一定的厚度分层，从而将零件的三维数据信息转换为一系列的二维或三维轮廓几何信息，层面几何信息融合沉积参数和机加工参数生成增材制造加工路径数控代码，最终成型三维实体零件。然后针对成形的三维的实体零件进行测量与特征提取，并与CAD模型进行对照寻找误差区域后，基于减材制造，对零件进行进一步加工修正，直至满足产品设计要求。由此在同一台机床上可实现“加减法”的加工，是现有的数控切削加工和3D打印组合的混合型方案，如图8-6和图8-7所示。

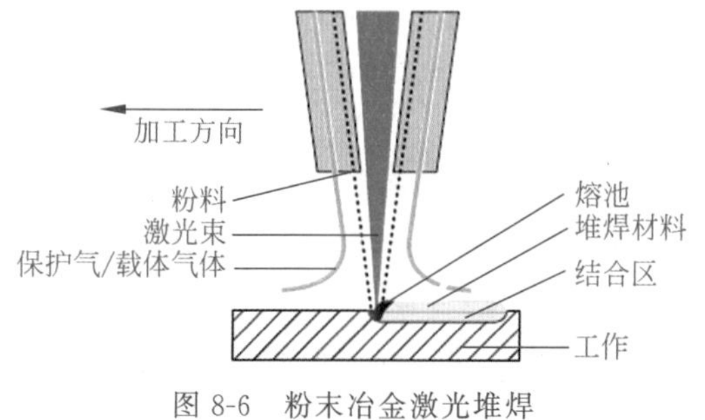

图8-6 粉末冶金激光堆焊

图8-7 CNC精加工

这样，对于传统切削加工无法实现的特殊几何构型或特殊材料的零件，近净成形的阶段可由增材制造承担，而后期的精加工与表面处理，则由传统的减材加工承担。由于在同一台机床上完成所有加工工序，不仅避免了原本在多平台加工时工件的夹持与取放所带来的误差积累,提高制造精度与生产效率,同时也节省了车间空间,降低了制造成本。

与普通增材制造相比,基于机加工的复合增材制造技术可有效提高零件成形精度,但与零件最终尺寸精度要求仍存在一定差距,仍需精加工处理,且在复合制造过程中,增材制造与机加工两种工艺需要频繁切换工序,这无疑增加了零件生产周期与制造成本。此外,成形零件需要通过后续的热处理、热等静压等工艺来消除内应力及提高致密度,但在热处理过程中应力的重新分布会产生二次变形,使机加工获得的尺寸精度损失殆尽,这是该类复合增材制造技术实现工程化应用亟待解决的难题之一。

DMG MORI 的 LASERTEC 65 3D 机床将喷粉的激光堆焊材式技术与铣削加工技术巧妙地集成为一体,开创复合加工的全新方式,如图 8-8 所示。该机能可以更快地制造复杂几何形及个性化的 3D 工件。特别是,这种复合加工技术能非常经济地生产大型工件,直径可达 ϕ500mm。激光加工与铣削加工间的灵活切换能力可直接加工成品件中无法达到的部位。激光堆焊使用的原料是金属粉,其增材式制造的工件没有工艺腔,也不需要支撑结构。这种增材制造技术的成形速度比粉床方式的速度快 10 倍。

图 8-8　DMG LASERTEC 65 3D 机床

金属材料增材制造以其独特的成形方式成为最具潜力和发展前景的机械制造技术,在当前是传统制造业的有力补充,在将来可能是制造业的主要成形技术之一,充分发挥好 3D 打印的技术优势,将是企业提高综合竞争力的有力武器。

思考与练习

1. 目前比较成熟的金属材料增材制造技术有哪些?它们的成形原理分别是什么?
2. 选区激光熔化技术的成形特点是什么?
3. 哪些因素影响激光立体成形制造的工艺过程?
4. 复合增材制造技术的成形原理是什么?

增材制造的后处理及精度检测

本章重点

1. 掌握增材制造后处理的主要方法。
2. 熟悉增材制造制件的表面粗糙度。
3. 了解增材制造制件的常规检测方法。

本章难点

1. 金属合金类培植制造制件的后处理分析。
2. 增材制造制件误差形成机理及影响因素分析。

9.1 增材制造的后处理

从快速成形机上取下的制品往往需要进行剥离，以便去除废料和支撑结构，有的还需要进行后固化、修补、打磨、抛光和表面强化处理等，这些工序统称为后处理。例如，SLA 成形件需置于大功率紫外线箱（炉）中作进一步的内腔固化；SLS 成形件的金属半成品需置于加热炉中烧除粘结剂、烧结金属粉和渗铜；TDP 和 SLS 的陶瓷成形件也需置于加热炉中烧除粘结剂、烧结陶瓷粉。此外，制件可能在表面状况或机械强度等方面还不能完全满足最终产品的需要，例如，制件表面不够光滑，其曲面上存在因分层制造引起的小台阶，以及因 STL 格式化而可能造成的小缺陷；制件的薄壁和某些微小特征结构（如孤立的小柱、薄筋）可能强度、刚度不足；制件的某些尺寸、形状还不够精确；制件的耐温性、耐湿性、耐磨性、导电性、导热性和表面硬度可能不够满意；制件表面的颜色可能不符合产品的要求等。

因此在增材制造之后,一般都必须对制件进行适当的后处理。以下分别对聚合物及金属合金的表面后处理方法作进一步的介绍。其中非金属聚合物类的修补、打磨、抛光是为了提高表面的精度,使表面光洁;表面涂覆是为了改变表面的颜色,提高强度、刚度和其他性能。金属合金类的后处理则有些区别,由于金属材料的硬度、强度、热熔点等均远高于聚合物,成形工艺中出现的问题也与聚合物有所不同,如"台阶效应""球化效应""粉末粘附"等,因此后处理工艺也会有所不同。

9.1.1 非金属聚合物类材料的后处理

1. 剥离

剥离是将增材制造过程中产生的废料、支撑结构与工件分离。虽然,SLA、FDM 和 TDP 成形基本无废料,但是有支撑结构,必须在成形后剥离;LOM 成形无须专门的支撑结构,但是有网格状废料,也须在成形后剥离。剥离是一项细致的工作,在有些情况下也很费时。剥离有以下三种方法。

(1) 手工剥离

手工剥离法是操作者用手和一些较简单的工具使废料、支撑结构与工件分离。这是最常见的一种剥离方法。对于 LOM 成形的制品,一般用这种方法使网格状废料与工件分离。

(2) 化学剥离

当某种化学溶液能溶解支撑结构而又不会损伤制件时,可以用此种化学溶液使支撑结构与工件分离。例如,可用溶液来溶解蜡,从而使工件(热塑性塑料)与支撑结构(蜡)、基底(蜡)分离。这种方法的剥离效率高,工件表面较清洁。

(3) 加热剥离

当支撑结构为蜡,而成形材料为熔点较蜡高的材料时,可以用热水或适当温度的热蒸气使支撑结构熔化并与工件分离。这种方法的剥离效率高,工件表面较清洁。

2. 修补、打磨和抛光

当工件表面有较明显的小缺陷而需要修补时,可以用热熔性塑料、乳胶与细粉料混合而成的腻子,或湿石膏予以填补,然后用砂纸打磨、抛光,常用工具有各种粒度的砂纸、小型电动或气动打磨机。

对于用纸基材料增材制造的工件,当其上有很小而薄弱的特征结构时,可以先在它们的表面涂覆一层增强剂(如强力胶、环氧树脂基漆或聚氨酯漆),然后,再打磨、抛光;也可先将这些部分从工件上取下,待打磨、抛光后再用强力胶或环氧树脂粘结、定位。用氨基甲酸涂覆的纸基制件,易于打磨,耐腐蚀、耐热、耐水,表面光亮。

由于增材制造的制件有一定的切削加工和粘结性能,因此,当受到快速成型机最大成形尺寸的限制,而无法制作更大的制件时,可将大模型划分为多个小模型,再分别进行成形,然后在这些小模型的结合部位制作定位孔,并用定位销和强力胶予以连接,组合成整体的大制件。当已制作的制件局部不符合设计者的要求时,可仅仅切除局部,并且只补成形这一局部,然后将补作的部分粘到原来的增材制造制件上,构成修改后的新制件,从而可以大大节省时间和费用。

总之，对于3D打印的成形件，常用的抛光技术有砂纸打磨（Sanding）、珠光处理（Bead Blasting）和化学抛光。

（1）砂纸打磨

虽然3D打印技术设备能够制造出高品质的零件，但不得不说，零件上逐层堆积的纹路是肉眼可见的，这往往会影响用户的判断，尤其是当外观是零件的一个重要因素时。所以这时就需要用砂纸打磨进行后处理。

砂纸打磨可以用手工打磨或者使用砂带磨光机这样的专业设备。砂纸打磨是一种廉价且行之有效的方法，一直是3D打印零部件后期抛光最常用、使用范围最广的技术。

砂纸打磨在处理比较微小的零部件时会有问题，因为它是靠人手或机械的往复运动。不过砂纸打磨处理起来还是比较快的。

如果零件有精度和耐用性的最低要求，一定不要过度打磨，要提前计算好要打磨去多少的材料，否则过度打磨会使得零部件变形报废。进行基准测试也有助于确定要使用的打磨工艺（手工打磨或电动打磨），以及使用哪些工具。

（2）珠光处理

操作人员手持喷嘴朝着抛光对象高速喷射介质小珠从而达到抛光的效果。珠光处理一般比较快，5～10min即可处理完成，处理过后产品表面光滑，有均匀的亚光效果。

珠光处理比较灵活，可用于大多数3D打印材料。它可用于产品开发到制造的各个阶段，从原型设计到生产都能用。珠光处理喷射的介质通常是很小的塑料颗粒，一般是经过精细研磨的热塑性颗粒。

因为珠光处理一般是在一个密闭的腔室里进行的，所以它能处理的对象是有尺寸限制的，整个过程需要用手拿着喷嘴，一次只能处理一个，并因此不能用于规模应用。

珠光处理还可以为对象零部件后续进行上漆、涂层和镀层做准备，这些涂层通常用于强度更高的高性能材料。

（3）化学抛光

ABS可用丙酮蒸汽进行抛光，可在通风橱内煮沸丙酮，熏蒸打印物品，市面上也有抛光机销售；PLA不可用丙酮抛光，有专用的PLA抛光油，但化学抛光要掌握好度，因为都是以腐蚀表面作为代价的；整体来讲，目前化学抛光还不够成熟。图9-1为经化学抛光后的对比图。

3. 表面涂覆

对于增材制造工件，典型的涂覆方法有以下几种。

（1）喷刷涂料

在增材制造制件表面可以喷刷多种涂料，常用的涂料有油漆、液态金属和反应型液态塑料等。

其中，对于油漆以罐装喷射环氧基油漆、聚氨酯漆为好，因为它使用方便，有较好的附着力和防潮能力。所谓液态金属是一种金属粉末（如铝粉）与环氧树脂的混合物，在室温下呈液态或半液态，当加入固化剂后，能在若干小时内硬化，其抗压强度为7～90MPa，工作温度可达140℃，有金属光泽和较好的耐温性。反应型液态塑料是一种双组分液体，其

(a) 0.35mm层厚经化学抛光

(b) 0.1mm层厚未抛光

(c) 0.35mm层厚未抛光

图 9-1 经化学抛光后对比

中A是液态异氰酸酯,用作固化剂,B是液态多元醇树脂,它们在室温(25℃)下按一定比例混合并产生化学反应后,能在约1min后迅速变成凝胶状,然后固化成类似ABS的聚氨酯塑料,将这种未完全固化的材料涂刷在增材制造制件表面上,能构成一层光亮的塑料硬壳,显著提高制件的强度、刚度和防潮能力,如图9-2所示。

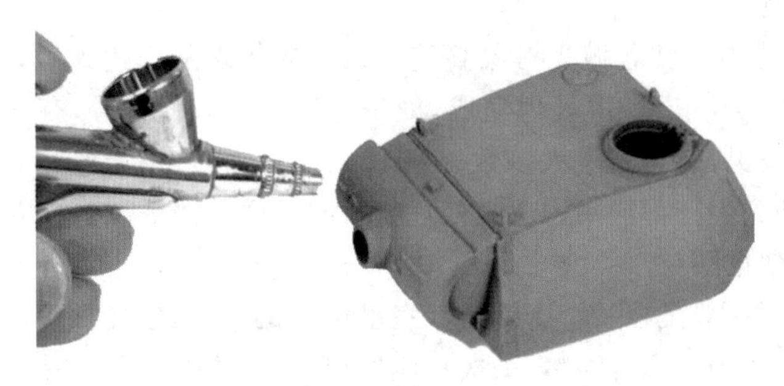

图 9-2 喷刷涂料

(2) 电化学沉积

采用电化学沉积也称电镀,如图9-3所示,能在增材制造制件的表面涂覆镍、铜、锡、铅、金、银、铂、钯、铬、锌,以及铅锡合金等,涂覆层厚可达20～50μm乃至更厚(甚至达数毫米),最高涂覆温度为60℃,沉积效率高。由于大多数快速成型件不导电,因此,进行电化学沉积前,必须先在增材制造制件表面喷涂一层导电漆。

(a) 沉积前

(b) 沉积后

图 9-3 电化学沉积

进行电化学沉积时，沉积在制件外表面的材料比沉积在内表面的多。因此，对具有深而窄的槽、孔的制件进行电化学沉积时，应采用较小的电镀电流，以免材料只堆集在槽、孔的口部，而无法进入槽、孔的底部。

(3) 无电化学沉积(electroless chemical deposition，ECD)

无电化学沉积也称无电电镀，是通过化学反应形成涂覆层，它能在制件的表面涂覆金、银、铜、锡，以及合金，涂覆层厚可达 5～20μm 乃至更厚，涂覆温度为 60℃，平均沉积率为 3～15μm/h，沉积前，制件表面须先用 60℃、pH 值为 12 的碱水清洗 10min，然后用清水漂洗，并把含钯($PdCl_2$)的电解液或胶体(60℃)催化不导电的涂覆表面 10min。

与电化学沉积相比，无电化学沉积有如下优点。

① 对形状较复杂的制件进行沉积时，能获得较均匀的沉积层，不会在突出和边缘部分产生过量的沉积。

② 沉积层较致密。

③ 无须通电。

④ 能直接对非电导体进行沉积。

⑤ 沉积层具有较一致的化学、力学和磁特性。

(4) 物理蒸发沉积(physical vapour deposition，PVD)

物理蒸发沉积在一真空室内进行，它分为以下三种方式。

① 热蒸发，属于低粒子能量。

② 溅射，属于中等粒子能量。

③ 电弧蒸发，属于高粒子能量，包括阴极电弧蒸发和阳极电弧蒸发。

典型涂覆层厚为 1～5μm。对于最高涂覆温度为 130℃的阴极电弧蒸发，能在制件的表面涂覆硝酸铬($CrNO_3$)等材料，通常涂覆层厚为 1μm，涂覆前表面须进行等离子体(如 DF_4/O_2)浸蚀预处理(5min)，以便提高涂覆时的粘合力。对于最高涂覆温度为 80℃的阴极电弧蒸发，能在制件的表面涂覆硝酸钛($TiNO_3$)等材料，通常涂覆层厚为 1μm，涂覆前表面须进行等离子体(如 CF_4/O_2)浸蚀处理(10min)。对于最高涂覆温度为 80℃的阳极电弧蒸发，能在工件的表面涂覆铜等材料，通常涂覆层厚为 1μm，涂覆前表面须进行等离子体(如 N_2/O_2)浸蚀预处理(2min)。

粒子能量越高，涂覆时的粘合性越好，便要求被涂覆表面的温度越高。

(5) 电化学沉积和物理蒸发沉积(或无电化学沉积)的综合

电化学沉积和物理蒸发沉积综合了电化学沉积和物理蒸发沉积(或无电化学沉积)的优点，扩大了涂覆材料的范围。

除了上述 5 种方法，还有金属电弧喷镀、等离子喷镀两种方法。

9.1.2 金属合金类材料的后处理

对金属材料进行后续热处理是当前金属增材制造技术实现组织结构优化和性能提高的主要工艺手段，常用的热处理手段包括热等静压、真空淬火/回火、真空退火/正火、真空渗碳/渗氮、喷砂、电解抛光、激光抛光、磨粒流抛光等，下面就其中常用的几种后处理工艺进行阐述说明。

1. 真空淬火/回火

淬火/回火在空气状态下的处理工艺与真空状态下的工艺基本一致。淬火将金属加热到临界温度 Ac3 或 Ac1 以上温度，保温一段时间，使之全部或部分奥氏体化，然后以大于临界冷却速度的冷速快冷到 Ms 以下(或 Ms 附近等温)进行马氏体(或贝氏体)转变的热处理工艺。淬火能大幅提高钢的刚性、硬度、耐磨性、疲劳强度以及韧性等，从而满足各种机械零件和工具的不同使用要求。

回火将经过淬火硬化或正常化处理的金属在浸置于一种低于临界温度一段时间后，以一定的速率冷却下来，回火将经过淬火及正常化处理在放回中温浸置(时效)一段时间，可促使一部分碳化物析出，同时有可消除一部分因急速冷却所造成之残留应力，因此可提高材料的韧性与柔性。

金属真空热处理有其特殊的优点，优点之一是以对光的反射率表示的热处理后零件光亮度。随着真空热处理技术的发展和普及，真空淬火(气淬或油淬)时，只要设备良好，热处理工艺合理，经热处理后的金属比较容易获得理想的光亮度。然而真空回火处理时就大不一样。即使设备正常，工艺合理，回火后的零件总是有不同程度的着色，致使淬火后的光亮度(银亮度)前功尽弃。更有甚者，当工模具热处理或所有把真空热处理作为最终热处理而要求零件具有良好的商品外观时，这种着色就更是一件令人十分头痛的问题。

2. 真空退火/正火

正火是将工件加热至 Ac3(Ac3 是指加热时自由铁素体全部转变为奥氏体的终了温度，一般为 727～912℃)或 Acm(Acm 是实际加热中过共析钢完全奥氏体化的临界温度线)以上 30～50℃，保温一段时间后，从炉中取出到空气中或喷水、喷雾或吹风冷却的金属热处理工艺。正火时可在稍快的冷却中使钢材的结晶晶粒细化，不但可得到满意的强度，而且可以明显提高韧性(AKV 值)，降低构件的开裂倾向。一些低合金热轧钢板、低合金钢锻件与铸造件经正火处理后，材料的综合力学性能可以大大改善，而且改善了切削性能。

退火是将金属加热到一定温度，保持足够时间，然后以适宜速度冷却(通常是缓慢冷却，有时是控制冷却)的一种金属热处理工艺。退火能够降低硬度，改善切削加工性，消除残余应力，稳定尺寸，减少变形与裂纹倾向；细化晶粒，调整组织，消除组织缺陷。均匀材料组织和成分，改善材料性能或为以后热处理做组织准备。

真空退火及正火，可以将材料的强度和硬度逐渐降低，伸长率逐渐增加，材料内部的组织结构逐渐变得均匀，消除增材制造工艺造成的材料缺陷。

3. 抛光处理

当前阶段增材制造金属零件成形表面质量相对较差，未经后续抛光处理无法满足高使役性要求，抛光加工是增材制造技术链中的关键一环。同时，增材制造复杂结构零件干涉性强、微小内腔流道加工可达性差的特点，导致后续抛光加工质量难以保证等问题，是目前高性能增材制造的短板之一。

增材制造金属零件目前仍大量采用手工抛光，但手工抛光质量依赖于操作者的经验水平，其一致性差，人力、时间成本高，并且抛光过程中产生的粉尘危害人体健康。喷砂和机床磨削抛光，对复杂内曲面结构、多孔结构加工的可达性差，一般用于外表面清洁抛光、去除氧化层等。电化学抛光技术、激光抛光技术、磨料流抛光技术具有良好的加工可达性，目前在增材制造金属零件抛光加工中的应用比较广泛，其各有优缺点。

化学抛光及电化学抛光通过化学反应、电化学反应实现抛光加工，具有极好的加工可达性，并且没有机械力作用，因而对加工可达性差的弱刚性复杂结构件内表面，例如医用植入网格多孔结构等，具有良好的加工效果。化学抛光和电化学抛光溶液一般采用酸性溶液，尚需解决环保排放问题。

激光抛光加工原理如图 9-4 所示，利用激光束热效应在工件表面形成一个熔池，并利用熔池的表面张力及重力驱使液态金属流动，再快速冷凝获得较平滑的表面。

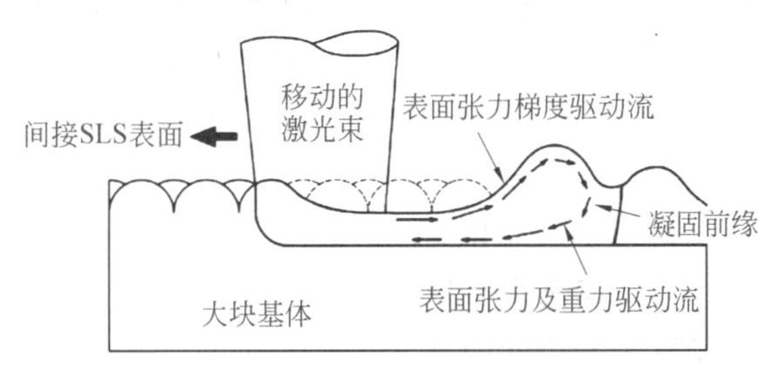

图 9-4　激光抛光加工原理

激光抛光具有高灵活性、非接触抛光、高能量密度、环境友好等优势，但目前激光抛光技术还无法对复杂零件内表面进行抛光，此外激光抛光较为昂贵的设备和运行成本也是其推广应用需要解决的问题。

磨粒流加工原理如图 9-5 所示，粘弹性磨料介质在液压驱动下，通过夹具与工件表面构成的流道在工件表面往复流动，对待加工表面材料进行微量去除，实现除飞边、导圆、抛光等加工。

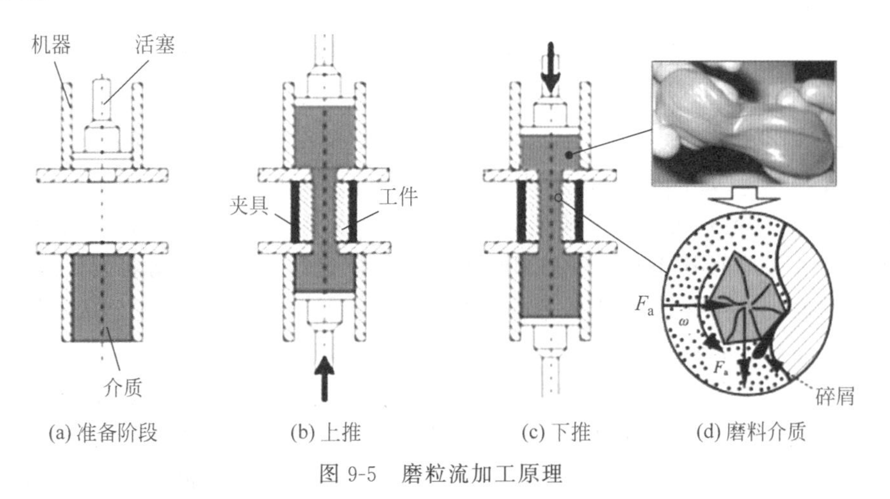

图 9-5　磨粒流加工原理

磨粒流加工具有高加工可达性，对复杂内腔结构、复杂内流道抛光加工，优势明显，但磨粒流抛光过程中磨料介质对工件表面压力在 MPa 级，尚需解决如何实现薄壁低刚度结构件内表面抛光的问题。

9.2 增材制造制件的精度检测

9.2.1 增材制造制件的精度

精度是增材制造技术中的关键问题,对制件的质量有至关重要的影响。

1. 增材制造精度的概念

增材制造技术自从诞生以来,精度一直是人们关注的焦点。增材制造精度,应包括增材制造装备的精度,以及装备所能制作出的成形件精度,本书称为成形精度。前者是后者的基础,后者远比前者复杂,这是由增材制造技术是基于材料累加原理的特殊成形工艺所决定的。成形精度与成形件的几何形状、尺寸大小、成形材料的性能以及成形工艺密切相关。

(1) 增材制造装备的精度

增材制造装备的精度应包括软件和硬件两部分,对于不同的实现方法具体的精度项目有所不同。所谓软件部分主要是指模型数据的处理精度,类似于传统制造领域中的原理误差。而硬件部分的精度主要指成形设备的各项精度。

软件部分主要是指 CAD 模型及层片信息的数据表达精度,而硬件部分的精度项目与具体的实现方法有关。例如对于扫描法激光固化的增材制造装备应包括如下几种。

① 激光束扫描的精度,因为它直接影响到 X-Y 方向的光点定位精度以及扫描路径的精确度。

② 动态聚焦精度,直接影响光斑的变化及其补偿的精度。

③ 托板升降系统的运动精度。

④ 涂层精度。

(2) 成形件的精度

成形零件的精度仍然类似于制造领域中传统的零件精度概念,即尺寸精度、形状位置精度以及表面质量。

① 尺寸精度。由于多种原因,成形件与 CAD 模型相比,在 X、Y 和 Z 三个方向上,都可能有尺寸误差。为衡量此项误差,应沿成形件的 X、Y 和 Z 方向,分别量取最大尺寸和误差尺寸,计算其绝对误差与相对误差。目前,快速成形机样本中列出的"制件精度"指的就是制件尺寸误差范围,这一数据往往是根据某些制造厂商或用户协会设计的测试件测量所得。然而,上述测试件并无统一的标准,也未得到增材制造行业的公认,所以难以据此衡量和比较真正的精度水平。

② 形状位置精度。增材制造时可能出现的形状误差主要有翘曲、扭曲、椭圆度、局部缺陷和遗失特征等。其中,翘曲误差应以工件的底平面为基准,测量其最高上平面的绝对和相对翘曲变形量。扭曲误差应以工件的中心线为基准,测量其最大外径处的绝对和相对扭曲变形量。椭圆误差应沿成形的 Z 方向,选取一最大圆轮廓线,测量其椭圆度,局部缺陷和遗失特征两种误差可以用其数目和尺寸大小来衡量。

③ 表面质量。增材制造制件的表面误差有台阶、波浪和粗糙度,都应在打磨、抛光和

其他后处理之前进行测量。其中台阶误差常见于自由曲面处，应以差值 Δh 来衡量，如图 9-6 所示。波浪误差是成形件表面的明显起伏不平，应以全长 L 上波峰与波谷的相对差值 $\Delta h/L$ 以及波峰的间距 ΔA 来衡量，如图 9-7 所示。粗糙度应在成形件各结构部分的侧面和上、下表面进行测量，并取其最大值。

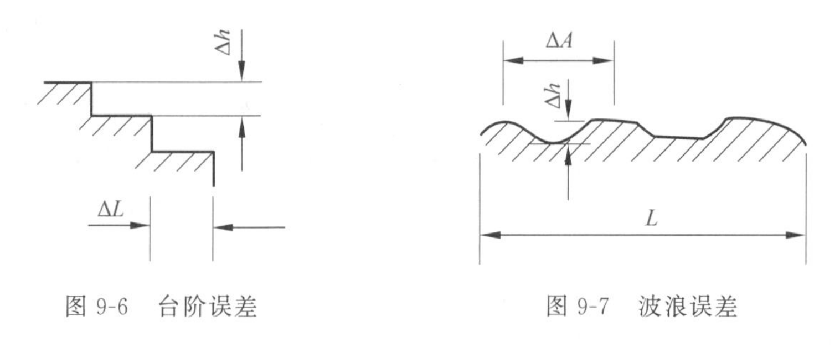

图 9-6　台阶误差　　　　图 9-7　波浪误差

2. 零件误差形成机理及影响因素分析

1）零件误差产生原因分类

按照原型零件的形成过程，即从 CAD 电子模型到三维实体模型（原型零件）的转换过程，零件产生误差的主要因素可按图 9-8 所示分类。

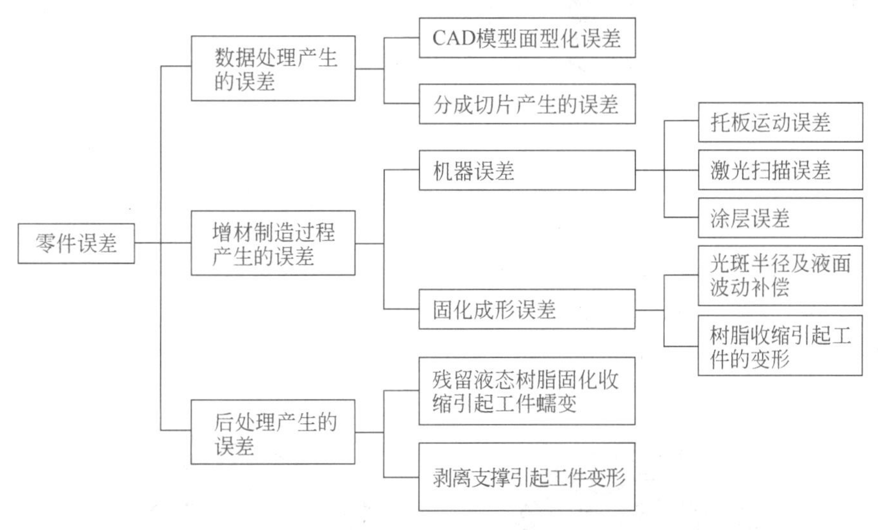

图 9-8　零件误差产生原因分类图

由于激光固化增材制造过程涉及的学科多，如机械技术、CAD 技术、控制技术、光学、光化学以及力学等多学科多领域的多项技术，所以有些因素的影响机理是极其复杂的。相对来讲，这项技术研究时间短暂，还有很多技术问题正在探索研究阶段。并且一项新技术的诞生，对相应的单元技术提出了更新更高的要求，相应地还需要测试或检测的手段，如对树脂光聚合过程中树脂收缩的时间历程的检测、树脂接受光照后固化程度的评价与测试，因此进行这方面的研究及探索工作具有重要的理论及实际意义，但是也存在相当大的难度。

2）产生零件误差的因素分析

根据上面对零件误差产生的原因的分类，下面详细分析各种因素的影响机理，并给出减小或消除各种误差的途径。

(1) 数据处理产生的误差

数据处理是增材制造的第一步,是指从CAD模型获取成形机所能接受的控制数据,其数据的精度直接影响到控制的精度,自然也就影响零件的精度。在这一过程中,产生误差的原因主要有两个:一个是CAD模型面型化带来的误差;另一个是分层处理产生的误差。

① 面型化处理造成的误差。在对三维CAD模型分层切片前,需作实体曲面近似处理,即所谓面型化(tessellation)处理,是用平面三角面片近似模型表面。这样处理的优点是大大简化了CAD模型的数据格式,从而便于后续的分层处理。CAD模型经过面型化后,转换成STL文件格式,这种格式非常简单。每个三角面片用四个数据项表示,即三个顶点坐标和法向矢量,而整个CAD模型就是这样一组矢量的集合。

在这种面型化的过程中,CAD型面的信息有所丢失,必将导致各类误差的产生。如制作一圆柱体时,当沿轴向方向堆积时,如果曲面逼近精度不高时,明显可以看到圆柱体变成了棱柱体,如图9-9所示。

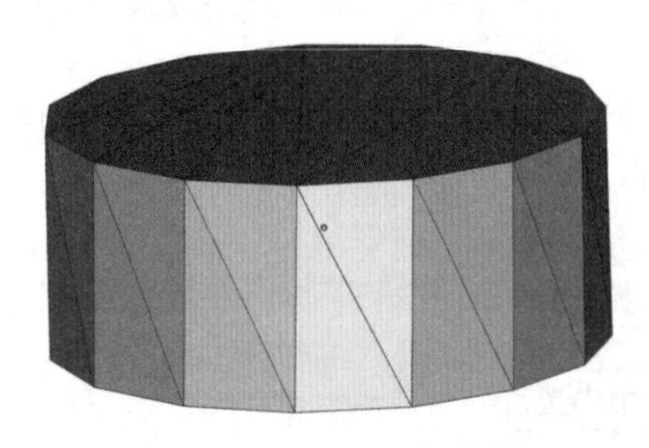

图9-9 一圆柱体面型化的形状

当曲面曲率越大时,这种误差越明显。清除这种误差的根本途径是能直接从CAD模型产生制造数据,而不是经过面型化的处理。但是,目前实用中尚未达到这一步。现有的办法只能在对CAD模型进行STL格式转换时,通过恰当选取系统中给定的近似精度参数值,减小这一误差,但这往往依赖于经验。如Pro/E软件是通过选定弦高值(ch-chord height)作为逼近的精度参数,如图9-10所示为一球体给定的两种弦高值所转化的情况。对于一个模型,软件中给定一个选取范围,一般情况下这个范围可以满足工程要求。但是,如果该值选得太小,要牺牲处理时间及存储空间,中等复杂的零件都要数兆甚至数十兆字节。并且这种数据转换过程中会无法避免地产生错误,如某个三角形的顶点在另一三角形边的中间、三角形不封闭等问题是实践中经常遇到的,给后续数据处理带来麻烦,需要进一步检查修补。

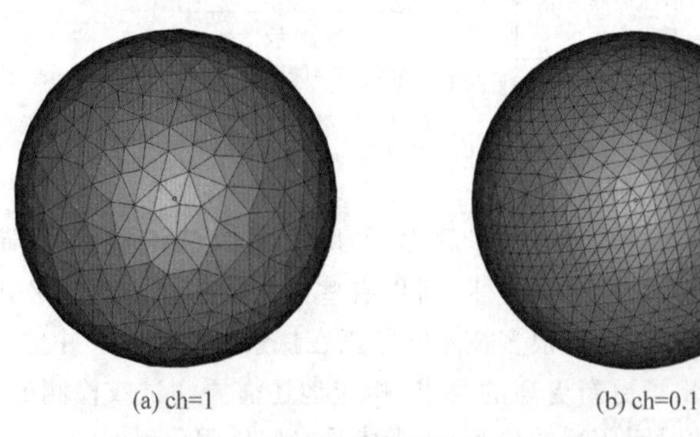

图9-10 不同近似精度球的STL文件表达

② 分层切片(slice)时产生的误差。分层切片是在选定了制作方向后,需对STL文件格式进行一维离散,从而获取每一薄层截面轮廓及实体信息,切片方向及厚度的选择对

原型件的精度、制作时间、成本有重要影响。切片的过程是通过一簇垂直于制作方向的平行平面与 STL 文件格式模型相截，所得到的截面与模型实体的交线就是各薄层的轮廓与实体信息。平行平面之间的距离就是分层厚度，也就是成形叠加时的单层厚度。由于每一切片层之间存在距离，因此切片不仅破坏了模型表面的连续性，而且不可避免地丢失了两切片层间的信息，导致原型产生形状和尺寸上的误差。例如，图 9-11 所示零件尺寸 A 为 3.24mm，尺寸 B 为 57.78mm，N 为叠加堆积方向。当分层时选层厚 $\Delta t=0.10$mm 时，制作出的原型尺寸 $A=3.20$mm、误差为 0.04mm，尺寸 $B=57.80$mm、误差为 0.02mm。当选择层厚为 $\Delta t=0.05$mm 时，尺寸 $A=3.25$mm、误差为 0.01mm，尺寸 $B=57.80$mm、误差为 0.02mm，由此可以看出层厚越小误差越小。当选择层厚 $\Delta t=0.09$mm 时，尺寸 $A=3.24$mm、尺寸 $B=57.78$mm，误差为零，由此可进一步看出当所选层厚可以被公称尺寸整除时，误差为零。

另外，当零件上的微小特征信息尺寸小于分层厚度时，该微小信息可能被丢失，如图 9-12 所示零件。当 $a=20$mm，$b=0.1$mm，分层厚度 $\Delta t=0.1$mm 时，第 200 切片层与第 201 切片层均未切到微槽，微小槽的信息被丢失。因此，合理的分层切片厚度可以减少或消除误差。

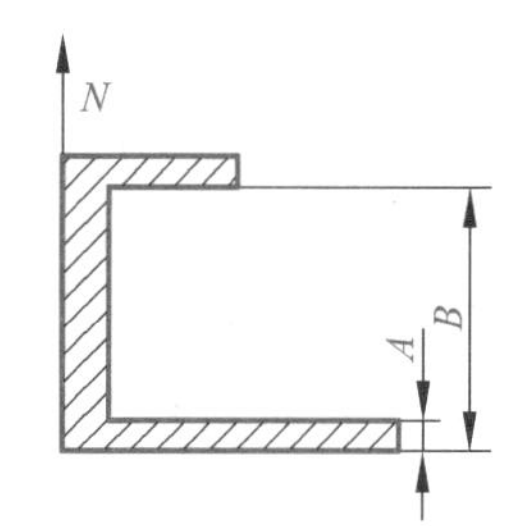

图 9-11　分层切片产生误差原理图

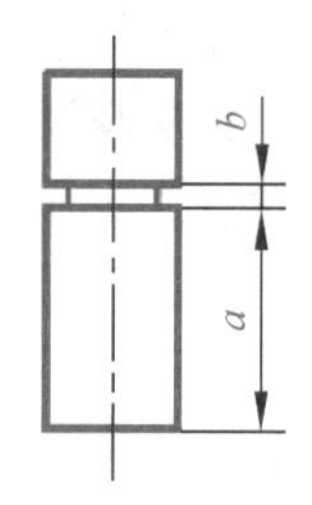

图 9-12　零件上的微小特征信息丢失原理图

(2) 成形加工产生的误差

成形加工包括层准备和层制造与层叠加。

① 层准备时产生的误差。层准备就是准备好一层待固化的液态树脂，由于 RP 技术是层层固化并叠加成形的，所以原型零件的精度与每一层精度有直接关系，每一层的精度包括液面的平整性，往往通过刮平装置来实现，使液面既不能凸起也不能凹陷。还包括液面位置的稳定性，即不能波动。假如液态树脂的实际液面位置与相对理想的位置发生 ΔL 的波动，如图 9-13 所示，激光束发散角为 θ，则引起光斑直径 ϕ 变化 $\Delta\phi$，$\Delta\phi=2\Delta L\tan\theta$。

同时引起光点位置的变化 $\Delta\gamma=\Delta L\cot\alpha$，其中 α 为光斑处于 γ 处光线与树脂液面的夹角。由于树脂的黏性及表面张力的作用，保证层准备的精度并不容易，为此美、日等国家的成形机制造商就层准备方法申请了多项专利。

② 层制造与层叠加产生的误差。层制造与层叠加产生的误差主要包括成形机的工作台移动误差(影响原型的 Z 方向的误差)和激光扫描误差，这些误差均由成形机的数控装置来保证。由于数控装置的精度很高，因此这些误差可相对忽略不计。层制造与层叠

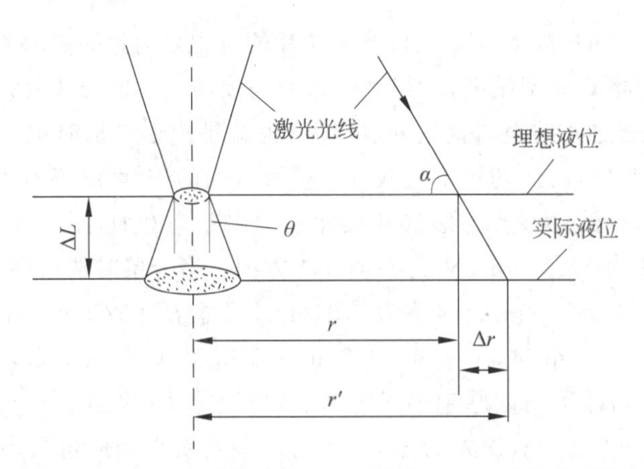

图 9-13　液面位置波动引起光斑位置与直径变化原理图

加的另一种误差为原材料在成形中产生的误差，这类误差分为以下几个方面，其一是原材料的状态变化，成形时原材料由液态变为固态，或由固态变为液态，熔融态再凝固成固态，而且同时伴随加热作用。这会引起工件形状、尺寸发生变化。其二是不一致的约束，由于相邻截面层的轮廓有所不同，它们的成形轨迹也可能有差别，因此每一层成形截面都会受到上、下相邻层不一致的约束，导致复杂的内应力，使工件产生翘曲变形。其三是叠层高度的累积误差，理论叠层高度可能与实际值有差别，从而导致切片位置(高度)与实际位置高度错位，使成形轮廓产生误差。在有些快速成型机上，叠加每层材料后，用刮平装置将材料上表面刮平。每层厚度误差的累积导致原型截面形状、尺寸的误差。一般模型的切片层高达几百甚至几千层，所以上述累积误差可能相当大。其四成形功率控制不恰当使原型产生误差。例如 LOM 型增材制造装备，难以绝对准确地将激光切割功率控制到正好切透一层薄型材料，因此可能损伤前一层轮廓。其五是工艺参数不稳定产生的误差。例如当 LOM 增材制造装备制作大工件时，由于在 X-Y 平面内热压辊对薄型材料的压力和热量不均匀，会使粘胶的厚度产生误差，导致制件厚度不均匀。此外，已成形的工件由于温度、湿度环境的变化，工件可能继续变形导致误差。

③ 后处理不当产生的误差。从成形机上取出已成形的工件后，往往需要进行剥离，以便去除废料和支撑结构，有的还需要进行后固化、修补、打磨、抛光和表面处理等，这些工序统称为后处理。这类误差可分为如下几种：其一是 SLA、FDM 制品需剥离支撑等废料，支撑去除后工件可能要发生形状及尺寸的变化，破坏已有的精度。其二是 LOM 制品虽无支撑但废料往往很多，剥离废料时受力将产生变形，特别是薄壳类零件变形尤其严重。其三是 SLS 成形金属件时，需将原型重新置于加热炉中烧除粘结剂、烧结金属粉和渗铜，从而引起工件形状和尺寸误差。TDP 和 SLS 成形的陶瓷件也需将制品置于加热炉中，烧除粘剂和烧结陶瓷粉。其四是制件的表面状况和机械强度等方面还不能完全满足最终产品的要求。例如，制品表面不光滑，其曲面上存在因分层制造引起的小台阶、小缺陷，制件的薄壁和某些小特征结构可能强度不足、尺寸不够精确、表面硬度或色彩不够满意。采用修补、打磨、抛光是为了提高表面质量，表面涂覆是为了改变制品表面颜色提高其强度和其他性能，但在此过程中若处理不当都会影响原型的尺寸及形状精度产生后处

理误差。

3. 增材制造制件的表面粗糙度

(1) 表面粗糙度的比较

为了对不同的增材制造装备制件的表面粗糙度进行比较，英国 Nottingham 大学设计了一个标准测试件，该测试件具有 0°～90°的倾斜表面。表 9-1 是检测的结果。从此表可见，①倾斜度较大的表面具有较小的表面粗糙度。②SLA 制件具有较小的表面粗糙度，FDM 制件具有较大的表面粗糙度。比较表面粗糙度的标准测试如图 9-14 所示。

表 9-1 不同快速成型机制件的表面平均粗糙度 *Ra* 单位：μm

快速成型机及成形材料	成形层厚/mm	表面倾斜度										
		下表面	上表面	10°	20°	30°	40°	50°	60°	70°	80°	90°
SLA5170 环氧树脂	0.150	3.3	1.4	39.9	31.8	28.8	25.8	21.5	20.6	16.7	7.3	6.3
SLA5149 丙烯酸树脂	0.125	11.7	4.85	27.8	3.4	15.6	13.6	10.7	8.2	6.7	6.2	4.7
EOSINTP 蜡	0.200	22.3	22.2	43.3	33.0	27.3	25.8	24.8	23.1	16.7	16.0	16.2
SLS 尼龙	0.130	13.0	16.0	27.8	28.7	28.1	26.3	25.9	25.5	24.4	22.8	21.4
SLS 尼龙	0.100	13.5	12.3	28.5	30.5	36.9	39.1	36.5	29.3	39.2	26.2	11.8
LOM 纸	0.100	11.7	3.4	29.2	31.9	27.7	27.0	25.3	25.0	23.3	17.9	16.9
FDM ABS 塑料	0.250	42.8	30.9	56.6	54.5	38.6	31.3	26.4	24.4	22.7	18.9	17.9

(2) 分区变层厚固化工艺

根据对成形过程中各种表面形成机理的分析可知，影响零件型面精度及粗糙度的主要原因是层堆积过程产生的台阶效应。传统的方法是减小分层的厚度或者优化制作的方向来减少这一影响。但是减少分层的厚度会造成制作效率的显著降低；而优化制作的方向，对于由多种特征面构成的复杂零件会顾此失彼，且制作方向的确定需要考虑制作效率、工件变形以及支撑的结构和种类等多种因素。因此这些方法的采用受到一定的限制。

光固化液态树脂成形的工艺特点，使得分区变层厚的固化成形工艺成为可能。即将整个 CAD 模型的固化分为表面轮廓部分的固化及内部实体部分的固化，对于表面轮廓部分采用小层厚的固化工艺来减小台阶效应，而内部实体部分采用大层厚的固化工艺来提高制作效率。这样，既提高了成形面精度，又提高了成形效率。

如图 9-15 所示为这种工艺的过程示意图。图 9-15(a)为对 CAD 模型的分区示意图，实体部分的层厚与表面轮廓部分的层厚之比为 3∶1，图 9-15(b)、(c)、(d)、(e)为第 *n* 层的成形过程；图 9-15(b)为先将大层厚的实体部分扫描固化，固化后，托板提升至图 9-15(c)，进

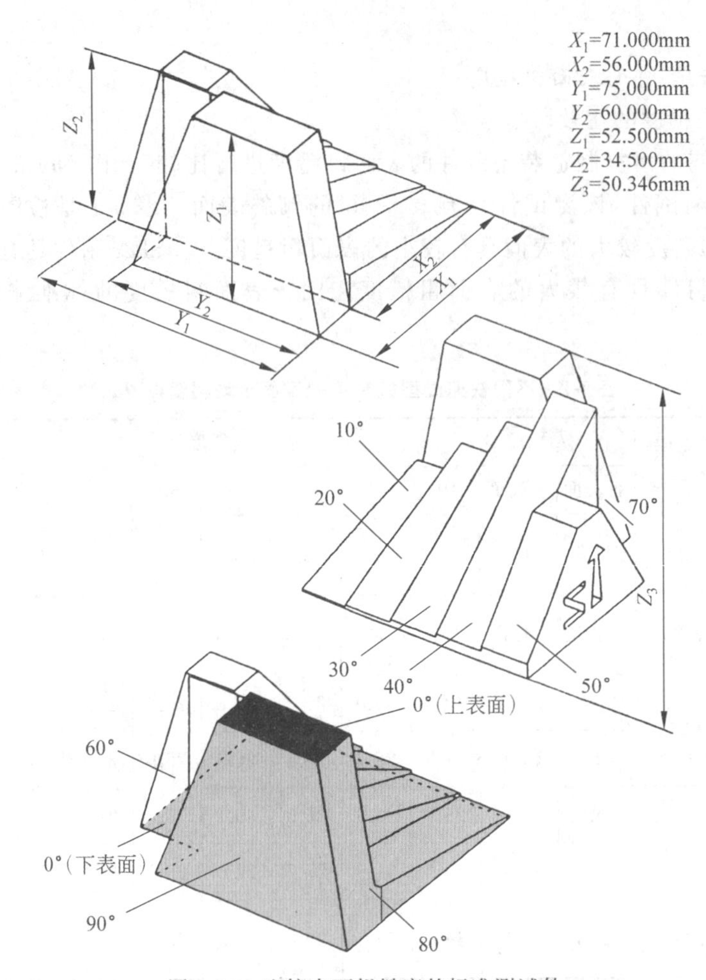

图 9-14　比较表面粗糙度的标准测试件

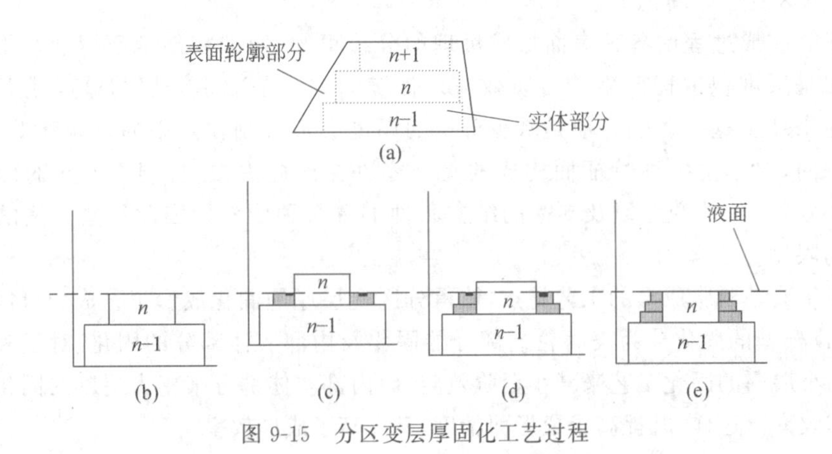

图 9-15　分区变层厚固化工艺过程

行轮廓部分的第一层固化，然后托板下降至图 9-15(d)，进行轮廓部分第二层的固化，再下降至图 9-15(e)，进行轮廓部分的第三层固化；当进行 $n+1$ 层固化时，重复此过程。

分区变层厚固化工艺的关键技术是合理划分区域、确定大小层厚的比例关系。区域的划分要尽可能增大实体区域,以提高成形的效率,而大小层厚比例的确定,既要考虑满足表面粗糙度的要求,又要保证实体部分分层之间的可靠粘结。实现分区变层厚的固化工艺需要专门的分区处理软件及成形过程控制软件。

9.2.2 增材制造制件的检测技术

增材制造过程易产生多种缺陷,其中金属制件主要易产生三种类型的缺陷:一是表面凹陷、表面气孔、表面夹渣、表面裂纹等表面宏观缺陷;二是内部气孔、内部夹渣、未熔合和内部裂纹等内部冶金缺陷;三是由于应力集中产生制件的翘曲变形、缩小等尺寸精度缺陷。

为了保证增材制造零件的质量,需对缺陷进行检测并将其控制在允许范围内,由于表面缺陷可通过适当的表面处理及切削加工予以去除,因此内部缺陷的检测与评估显得更加重要。如图 9-16 所示,金属增材制造工艺中常用的检测方法可分为制造中的在线检测和制造后的无损检测。在线监测可及时发现缺陷,有助于调整制造过程并采取一定措施改善或去除已产生的缺陷,或直接停止制造以减少损失。相对事后检测,高效的在线检测对于提高增材制造的技术水平具有更大意义。

国内外在增材制造方面均制定了相关标准。国外标准中与检测技术相关的主要体现在成形制件及产品的性能规范和检测技术规范。对于成形制件及产品的性能规范,在 SAE 标准中,相对应的是材料规范,标准中主要规定化学成分、显微组织、力学性能、热处理及无损检验等要求;而在 ASTM 标准中,一般称为某某合金规范或增材制造规范。对于检测技术的测试方法,主要针对粉末表征及点阵结构的表征需求,采用 FT4 粉末流变仪进行粉末流动性表征方法及采用数字图像相关技术开展的有序胞元等效拉伸、压缩及剪切性能测试方法的标准研究与制定。在我国,全国增材制造标准化技术委员会(SAC/TC 562)制定了与检测有关的标准,主要有《增材制造 测试方法 标准测试件精度检验》(GB/T 39329—2020)和《增材制造 金属制件机械性能评价通则》(GB/T 39254—2020)。

1. 在线监测

公开发表的文献中常用的制造过程中的在线检测方法可分两类:一是监测增材制造过程,通过对制造过程的工况特征量监测,主要是可能产生缺陷的工况条件,进而间接获取缺陷和制造过程的制造质量;二是利用在线检测技术,在制造过程中直接检测已发生的质量缺陷。

从缺陷形成过程的角度来看,在线监测可以分为缺陷初始产生阶段和缺陷已生成阶段,前者具有预防作用,后者则监测结果更明确及操作性更便捷。如图 9-16 所示,特征监测方法有熔池尺寸监测、熔池温度监测、熔池光谱监测、等离子体监测等。对过程特征量进行监测可在一定程度上预测零件缺陷,且便于实现实时反馈及闭环控制,有助于稳定制造过程。

金属增材制造材料逐层叠加的特点给实施在线无损检测提供了可能,采用合适的检测方法在制造过程中对工件质量进行评估有助于尽早发现缺陷,避免不必要的损失。目前在线无损检测的主要思路是将无损检测应用到打印过程中,对每一层或每几层材料沉

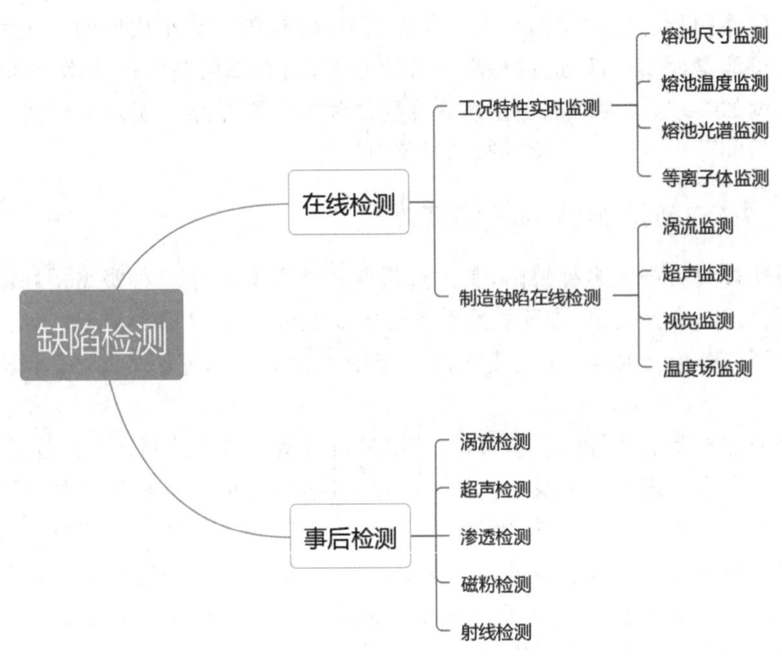

图 9-16 金属增材制造缺陷检测常用方法

积完成后的工件进行检测,通过逐层打印、分层检测的方式保证零件质量。与通过特征量间接反映缺陷不同,在线无损检测技术一般需进行相应的输入,利用输入与缺陷间的相互作用直接反映缺陷信息,缺陷在生产阶段的监测有涡流检测、超声监测、视觉监测、温度场监测等。

增材制造过程中的工况特征量一般可以反映导致缺陷的材料行为及各类不稳定现象,所以对这些特征量的监测对缺陷的产生可以起到一定的预测作用,且实时性较好,便于实现闭环控制。由于缺陷与制造过程中工况特征量间不存在确定的一一映射,因此仅采用此方法无法保证零件最终质量,需要和在线无损检测及事后无损检测技术相互补充。

2. 事后检测

增材制造技术的应用特殊性对无损检测技术提出了低成本,检测迅速,能适应复杂几何结构及较差表面质量,可检测多类缺陷等应用要求。目前工业领域应用较多的无损检测方法包括视觉、液体渗透、超声、电涡流、放射性成像、金属磁记忆及永磁扰动检测等。研究中也常采用阿基米德排水法对零件致密度进行测量,通过致密度定量表征缺陷。进行事后检测的优势在于检测结果反映的是零件最终质量,这有利于确保零件在使用过程中的可靠性,事后检测也可用于建立工艺条件与零件质量之间的相互联系,处理工艺对孔洞缺陷的影响,但事后无损检测不具备实时性,因此检测结果无法指导制造过程的实时调整和缺陷的及时去除与规避,进而对零件质量及成品率的提高作用有限。

总之,现有在线无损检测技术在可检缺陷类型、检测精度与效率、实时性及鲁棒性等方面均还未完全满足实际应用需求,该技术还需要进一步从离线的原理验证向实际的在线应用、从单一检测原理向多原理多传感器集成过渡。人工智能的发展也为检测技术的智能化提供了契机,未来研究中可以将缺陷检测、缺陷在线去除与规避和制造参数实时调整相结合，实现增材制造零件质量的实质性提升。

思考与练习

1. 聚合物类增材制造制件的后处理主要有哪些？
2. 金属合金类增材制造制件的后处理主要有哪些？
3. 增材制造制件的精度包括哪些内容？
4. 增材制造制件误差产生的原因主要有哪些？
5. 简述增材制造制件的常规检测技术。

10 第 章

CHAPTER 10

增材制造技术的应用

本章重点

1. 掌握增材制造技术在模具领域的应用。
2. 掌握硅橡胶快速制模的工艺。
3. 掌握电弧喷涂制模的工艺。
4. 熟悉金属树脂模具浇注成形的工艺。
5. 了解增材制造技术在航空航天、汽车等领域的应用。

本章难点

1. 硅胶模快速制作。
2. 电弧喷涂制模工艺。

增材制造技术即3D打印,是制造业领域正在迅速发展的一项新兴技术,被称为"具有工业革命意义的制造技术"。增材制造技术的优点主要有以下几方面。

1. 增材制造不受产品零件形状的限制

受传统制造手段、加工方法的制约,很多复杂的结构形状难以实现,而增材制造技术解除了这一限制,可优化结构设计,制造出质量更轻、结构更合理的制件。

2. 加工余量小,材料利用率高

一般采用传统制造手段加工的成形零件质量不到毛坯的10%,大部分材料被去除,造成了极大的浪费。而增材制造技术是一种近净成形技术,材料利用率可达90%以上,能有效降低材料成本,增强市场竞争力。

3. 成形件组织细密、性能优异

由于增材制造快速凝固的特点,可以在材料内部得到细小、均匀、致密的组织，从而提高材料的综合力学性能。

4. 零件生产周期短

增材制造生产流程短，工序简化，节省了大量加工时间，特别适用于小批量零件生产试制和产品零部件维修更换等需要快速响应的场合。

增材制造技术展现了一种崭新的产品开发模式，已成为一个抢占市场的利器，成为降低产品开发市场风险的有效手段。新产品采用增材制造技术的开发流程如图 10-1 所示。采用增材制造技术可以使产品开发周期下降为传统技术的 1/10～1/3，比传统方法节约成本 30％～50％，机械加工效率提高 3～5 倍。增材制造技术自问世以来便引起了学术界和工业界的广泛关注，并在快速模具的发展和完善，打印实体工件的复杂度也不断提升。增材制造、技术逐渐在生物医学、航空航天、艺术设计、汽车机械、通信、交通运输、工业装备、电子产品、考古文物、医疗、教育和建筑等众多行业广泛应用。Wohlers Associate 搜集包括 228 家打印技术行业与领域获得了广泛的相关商家与企业的营收信息，得到国际快速制造行业权威报告 *Wohlers Reports 2019* 中统计的增材制造技术在各行业中的应用，并被认为是第三次工业革命的占比，如图 10-2 所示。从图中可以看出，交通运输、消费电子产品、航天航空、医疗和工业 4.0 时代来临的代表性革新装备占据了重要的比重，这也表示了增材制造技术无论在个人消费方向还是高新技术领域都具有广阔的应用前景。

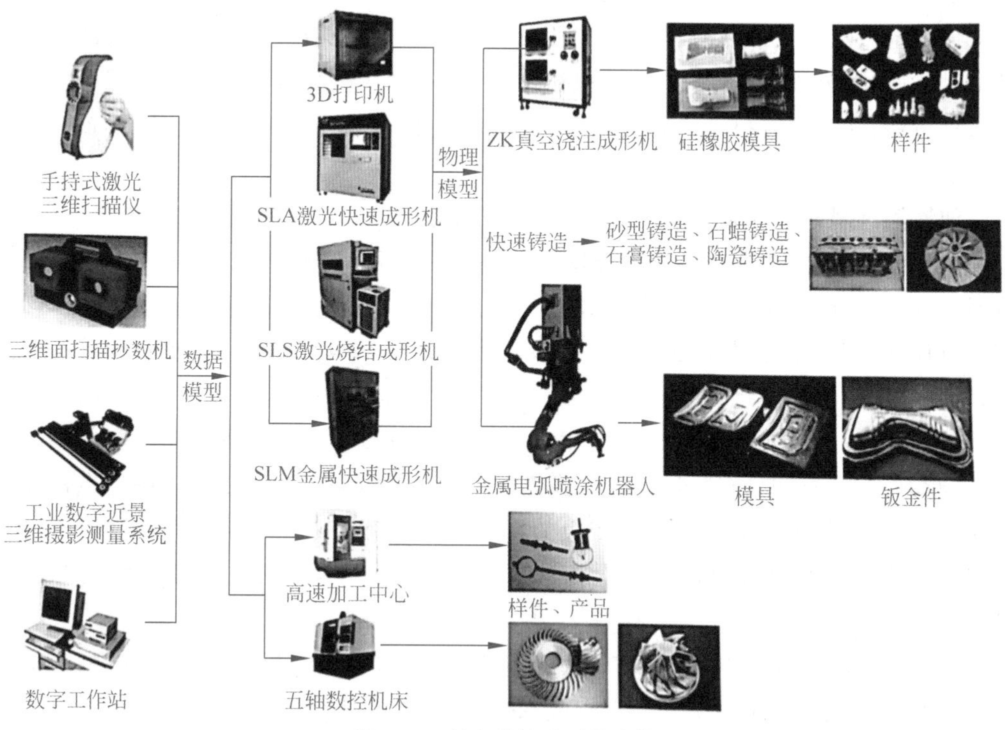

图 10-1　新产品快速开发流程

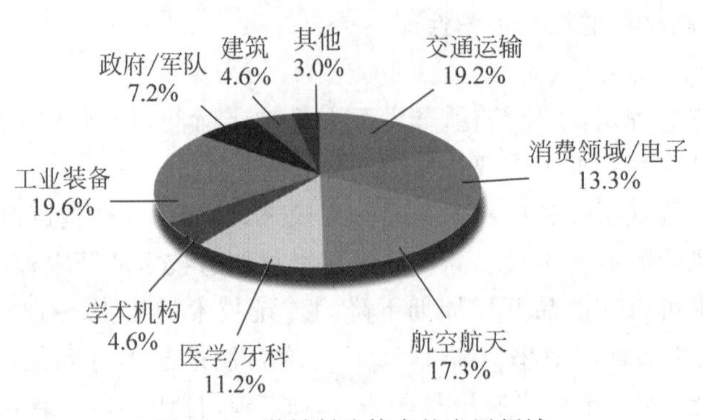

图 10-2　增材制造技术的应用领域

10.1　在模具领域的应用

快速模具制造是以3D打印技术为核心并由其发展而来的一类模具快速制造的新方法、新工艺。目的是为开发、试制新产品以及小批量生产提供快速、低成本的模具。快速模具制造分为直接制造模具和间接制造模具。直接制造模具是指模具直接由3D打印获得。例如选区激光烧结砂模、光固化复合材料制模、选区激光烧结(SLS)技术直接制模、分层实体制造(LOM)技术直接制模、金属激光熔融技术直接制模等。具体方法详见本书第3～7章。间接制造模具是指以增材制造技术制造的快速原形零件为母模,采用直接或间接的方法,实现硅胶模、金属模、陶瓷模等模具的快速制造,其一般工艺流程如图10-3所示。

快速模具制造与传统模具制造相比具有许多优点。

(1) 制模周期缩短。以往企业开发新产品时往往考虑到需要投入大量资金制造新的模具,有时会选择推迟或放弃产品的设计更新。3D打印通过降低模具的生产准备时间,使模具设计周期跟得上产品设计周期的步伐,使企业能够承受得起模具更加频繁的更换和改善。

(2) 制造成本降低。一般情况下,模具材料比较昂贵,而传统模具制造的材料利用率低,比较而言3D打印具有明显的成本优势。另外,3D打印在几个小时内制造出精确模具的能力,对制造流程和利润产生积极的影响。对现有模具进行修改时,3D打印的灵活性使工程师能够同时尝试无数次的迭代,并可以减少因模具设计修改引起的前期成本。

(3) 模具设计的改进为终端产品增加了更多的功能。增材制造为工程师带来了无限的选择以改进模具的设计。当目标部件由几个子零件组成时,3D打印具有整合设计、减少零部件数量的能力,从而简化产品组装过程,并减少公差。此外,它能够整合复杂的产品功能,使高功能性的终端产品制造速度更快、产品缺陷更少。例如,复杂塑料件模具的冷却水道如果用传统技术制造,冷却水道通常是直的,从而在模制部件中

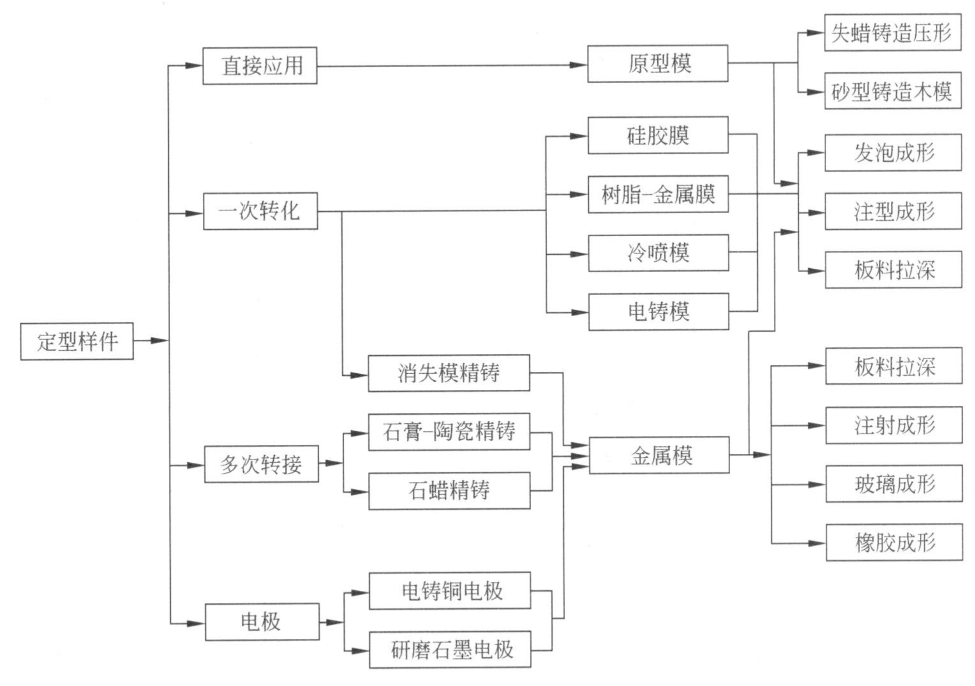

图 10-3 快速模具制造工艺流程

产生较慢的和不均匀的冷却效果。而 3D 打印可以实现制造任意形状的冷却水道，如图 10-4 所示，从而确保随形冷却，显著缩短注塑成形周期，最终得到更高质量的制品和较低的废品率。

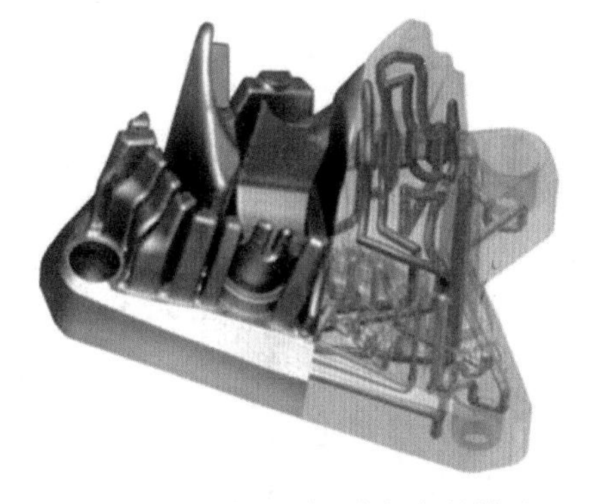

图 10-4 冷却水道形状复杂的模具

10.1.1 硅橡胶快速制模

硅橡胶模具的快速制作是 RT 技术中非常重要的一种方法。硅橡胶模具由于具有良好的柔性和弹性，对于结构复杂、花纹精细、无拔模斜度或具有倒拔模斜度以及具有深凹槽的零件，在制件浇注完成后均可直接取出，这是硅橡胶模具相对于其他模具来说具有的独特优点，同时由于硅橡胶具有耐高温的性能和良好的复制性和脱模性。因此，在塑料制件和低合金件的制作中具有广泛的用途。

用于制作硅橡胶模具的原型有多种，而在快速制模技术中，硅橡胶模具的制作采用快速原型零件作母模，采用硫化的有机硅橡胶进行浇注，直接制作成硅橡胶模具，这种快速翻制硅橡胶模具的方法(间接制模方法)是快速制模技术中一种重要的制模方法。基于快速成型技术的硅橡胶模具快速制作工艺集计算机辅助几何造型及模具 CAD 技术、数值模拟技术、快速成型技术、硅橡胶真空注形技术与硫化成形技术于一体，是一个复杂的工艺系统，并具有快速信息反馈的闭环控制特点。

1. 硅胶模快速制作方法

目前，硅胶模制作方法主要有两种：一是真空浇注法；二是简便浇注法，分别论述如下。

1）真空浇注法

由于浇注普通硅橡胶时，会产生较多的气泡，从而影响成形品质，为此，常常采用真空浇注法进行浇注。根据硅橡胶的种类、零件的复杂程度和分形面的形状规则情况，这种方法又可以分为以下两种。

(1) 刀割分型面制作法。刀割分型面制作法适用于透明硅橡胶、分型面形状比较规则的情况，如图 10-5 所示，其硅橡胶模具制作的步骤如下。

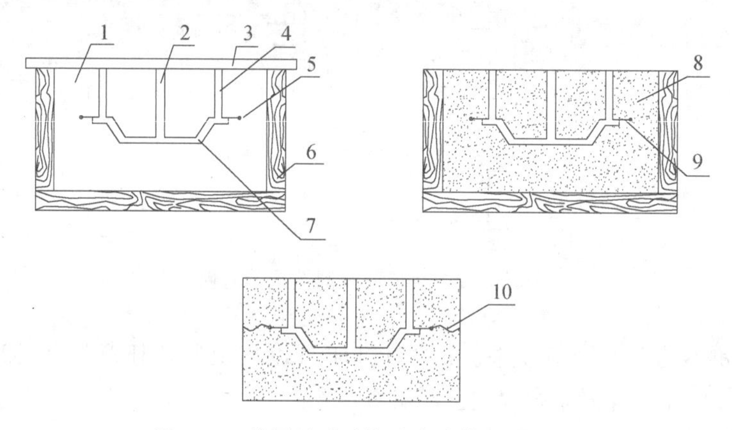

图 10-5 使用透明硅橡胶浇注模具的步骤

1—模框与原型样件的间距；2—浇注系统；3—支撑模具的横梁；4—排气口；5—着色胶带标志的分模线；6—模框；7—原型样件；8—透明 RTV 硅橡胶；9—着色胶带；10—锁栓和定位线用于切成分模线

① 彻底清洁定型样件，即快速原型零件。

② 用薄的透明胶带建立分型线。首先要分析原型，选择分型面，硅橡胶模具分型面的选择较为灵活，有很多种不同的选择方法。根据原型零件的形状特点，硅橡胶模具可以有上下两个型腔，也可以只有一个型腔(此情况就不分型了)。选择不同分型面的目的就是要使脱模较方便，不损伤模具，避免模具变形或者影响模具应有寿命。

③ 利用彩色、清洁胶带纸将定型样件边缘围上，以作后期分模用。

④ 利用薄板围框，把定型样件固定在围框内，必要时加注一些通气杆。根据原型零件的不同，应选择、制作合适的模框。首先模框不能太小，如果太小，模具制作出来后侧壁太薄，分模时容易造成模具损坏并且影响模具的寿命。当然模框过大也会造成不必要的浪费，增加成本。

⑤ 计算硅胶、固化剂用量，称重、混合后放入真空注型机中抽真空，并保持真空 10min。

⑥ 将抽真空后的硅胶倒入构建的围框内，之后，将其放入压力罐内，在 0.4～0.6MPa 压力下，保持 15～30min 以排除混入其中的空气。

⑦ 硅橡胶固化。浇注好的硅橡胶，要在室温25℃左右放置4～8h，待硅橡胶不粘手后，再放入烘箱内保持100℃、8h左右，这样即可使硅橡胶充分固化。

⑧ 待完全固化后，拆除围框，随分模边界用手术刀片对硅胶模分型。

⑨ 把定型样件完全外露，并取走，得到硅胶模。如果发现模具有少量缺陷，可以用新配的硅橡胶修补，并经同样固化处理即可。

(2) 哈夫式制作法。哈夫式制作法适用于不透明硅橡胶或分型面形状比较复杂的情况，如图10-6所示的电动玩具壳体，采用刀割分型面的方法，很难使刀割的轨迹与实际要求的分型面相吻合。因此，采用哈夫式制作法，如图10-7所示，其硅橡胶模具的制作步骤如下。

图10-6 电动玩具壳体

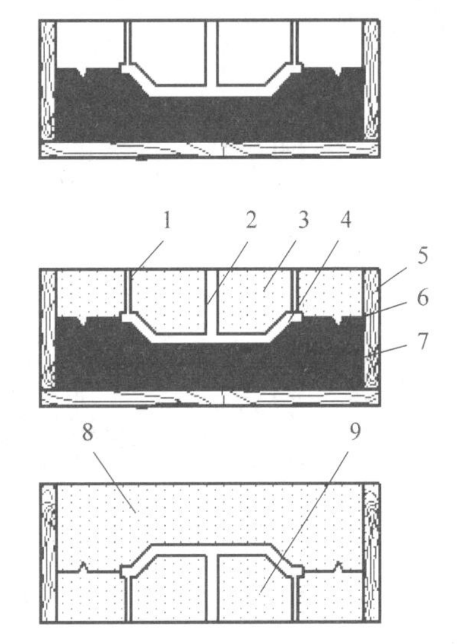

图10-7 利用橡皮泥的哈夫式制模法

1,4—出气口；2—浇注系统；3—硅橡胶；5—模框；6—模具分型线；7—橡皮泥；8—模腔；9—模芯

① 彻底清洁定型样，即快速原型零件。

② 分析原型，选择分型面。

③ 利用薄板围框，根据原型零件的不同，应选择、制作合适的模框，首先模框不能太小，如果太小，模具制作出来后侧壁太薄，分模时容易造成模具损坏并且影响模具的寿命。当然模框过大也会造成不必要的浪费，增加成本。

④ 用橡皮泥将定型样件固定在围框内，橡皮泥的厚度约占围框高度的1/2，并使橡皮泥与定型样件的相交线为分型面的部位。

⑤ 在橡皮泥的上平面上，挖2～4个定位凹坑，作上、下模合模时定位用。

⑥ 计算半模(如上模)所需的硅橡胶、固化剂用量，称重、混合后放入真空注型机中抽真空，并保持真空10min。

⑦ 将抽真空后的硅橡胶倒入构建的围框内，将其放入压力罐内，在0.4～0.6MPa压力下，保持15～30min以排除混入其中的空气。

⑧ 硅橡胶固化。浇注好的硅橡胶，要在室温 25℃左右放置 4～8h，待硅橡胶不粘手后，再放入烘箱内 100℃下保持 8h 左右，这样即可使硅橡胶充分固化。

⑨ 待硅橡胶完全固化后，将围框翻转 180°，取出橡皮泥，重新清洁定型样件，重复第⑥～⑧步，做出硅橡胶模具的另一部分。

⑩ 撤除围框，把定型样件完全外露并取走，得到硅胶模。如果发现模具有少量缺陷，可以用新配的硅橡胶修补，并经同样固化处理即可。

除了采用橡皮泥外，也可采用脱模板的方法进行哈夫式制模，其制作方法如图 10-8 所示。

当制件几何形状比较复杂，机加工的金属或塑料注塑嵌件可放在浇注模具的顶部，如图 10-9 所示。

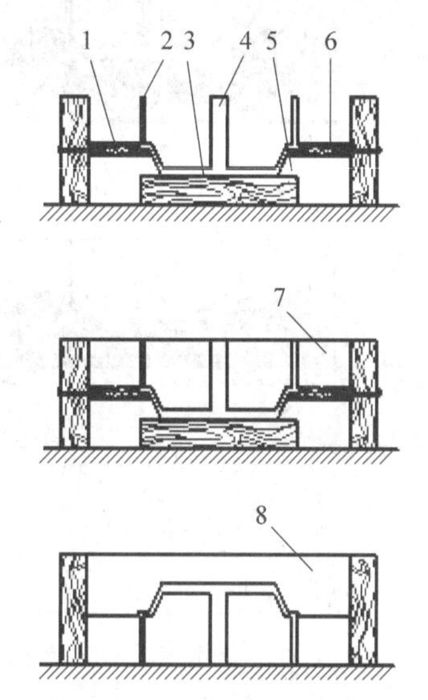

图 10-8 采用脱模板的哈夫式制模法

1—分模线定位坑；2—排气孔；3—定型样件；4—浇注系统；5—支座；6—脱模板；7—硅胶模模芯；8—硅胶模模腔

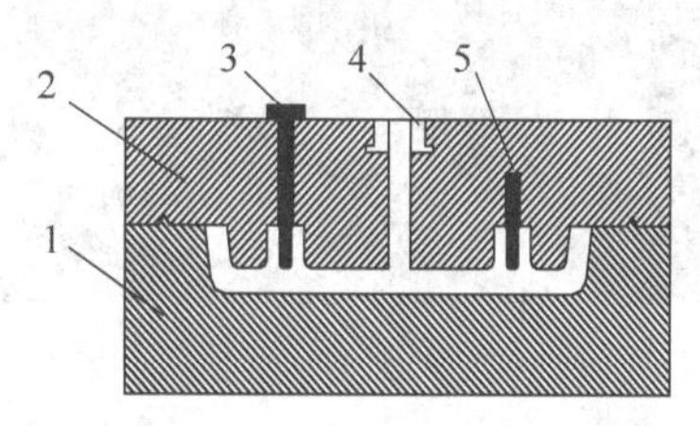

图 10-9 采用活动金属嵌件制造模具细微结构

1—硅胶模模腔；2—硅胶模模芯；3—贯穿插入模芯；4—浇注系统；5—插入盲孔的刚性模芯

上述方法能得到无气孔的硅橡胶模，但是需要配备真空成形箱，而且大部分的操作都必须在真空中进行，比较麻烦，特别是制作大型硅橡胶模时，尤其不方便，下面介绍另一种简便的硅橡胶模具浇注方法。

2）简便浇注法

硅橡胶模具的简便浇注方法是在非真空状态下进行浇注，它特别适用于大型制件的模具，其制作步骤如下。

（1）在普通工作室中，混合少量的硅橡胶和固化剂。

（2）将混合后的硅橡胶涂覆在母体的表面，构成厚度为 1～2mm 的薄涂层。

（3）在固化过程中，使涂覆的硅橡胶层充分脱气，用刀片或针划破无法自行消失的气泡。

（4）待该薄层硅橡胶模初步固化和脱气后，将大量混合的硅橡胶和固化剂注入固定有原型零件的模框内,构成模具。

(5) 待硅橡胶模初步固化后,移去原型零件,再将硅橡胶模置于烘箱中,使其完全固化。

这种方法虽然多了一道涂覆硅橡胶薄层并使其固化、脱气的工序。但是,不必采用真空箱就能得到表面无气泡的硅橡胶模,即使其内壁中可能有少量的小气泡,也不会影响硅橡胶模的使用性能。

除了在真空箱中对硅橡胶进行脱泡外,也可以采用压力罐对其进行脱泡和成形,其效果基本相同。

2. 硅胶模的制模工艺

基于快速成型与硅胶模技术快速制作塑料件的工艺流程如图 10-10 所示,根据产品的要求及模具结构情况,工艺流程可稍作调整。本小节以睡眠仪壳体硅胶模的制作过程为例讲述硅胶模的制模工艺过程。

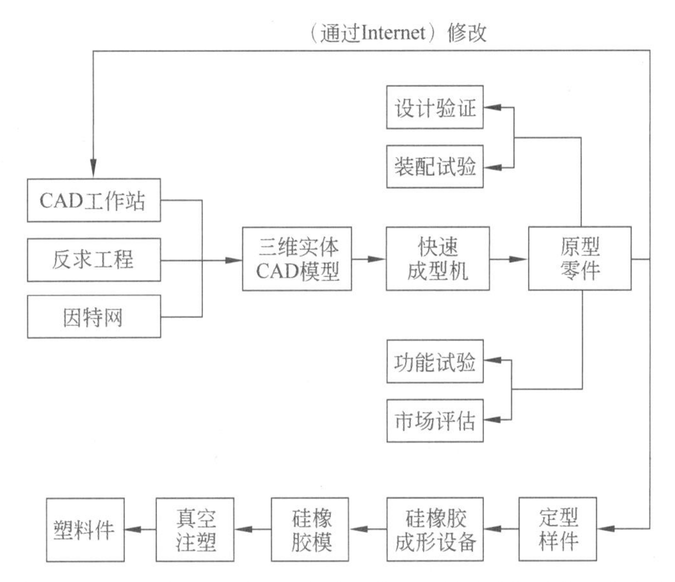

图 10-10　基于快速成型与硅胶模技术快速制作塑料件的工艺流程

1) 制作定型样件

用快速成型机制作定型样件时,首先必须建立三维模型,构造三维模型时主要采用以下方法。

(1) 用户提出对所需产品的要求,快速成型工作站应用计算机三维设计软件,根据用户要求设计三维模型。

(2) 用户提供所需产品的二维三视图,快速成型工作站应用计算机三维设计软件,将二维三视图转换为三维模型。

(3) 用户提供仿制产品的样件,快速成型工作站用扫描机对已有的产品样件进行扫描,得到三维模型。以上三维模型设计完成以后,利用 FTP 服务器将其 CAD 文件传送给用户,用户接收到 CAD 文件后,双方就可以对设计中的问题进行讨论。当然,双方不是集中在一起进行面对面的讨论，而是利用桌面视像会议系统进行工作小组会议。通过E-mail双方约定举行工作会议的时间，启动桌面视像会议系统Microsoft Net Meeting，针对显示在计算机屏幕上的CAD图形，利用白板、麦克风等工具说明需要修改的地方并进行修改。

(4) 用户按照产品的要求设计三维模型，并用因特网将已设计好的三维模型传输到快速成型机工作站。图10-11所示是某厂设计的睡眠仪壳体模型图。

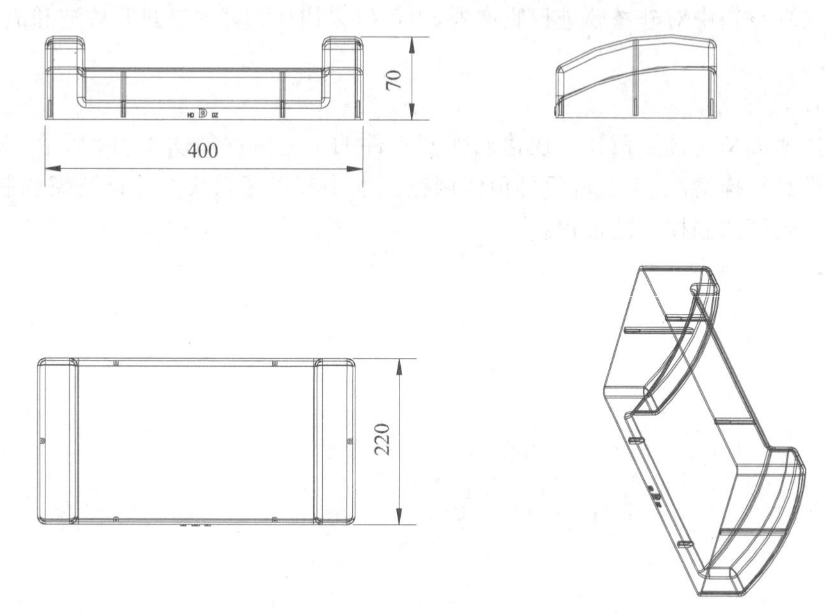

图10-11　睡眠仪壳体模型图

三维模型确定后，对其进行分层切片，并由快速成型机快速制作出原型零件，对原型零件进行各种功能性试验、修改等，之后定型，转入硅胶模制作工序。快速原型零件的制作过程，用户可以通过基于因特网的Realplayer软件随时观看场景服务器捕捉到现场的情况。图10-12所示是睡眠仪壳体的原型零件。

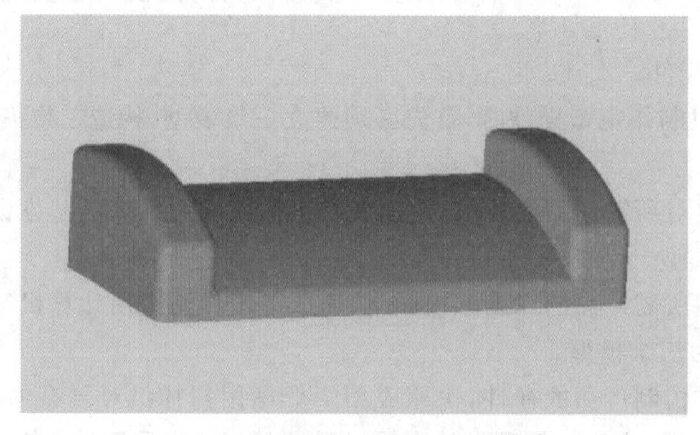

图10-12　睡眠仪壳体的原型零件

2）制作硅橡胶模具

具体方法参见硅前面“胶模快速制作方法”。

3）真空注型

硅胶模制作完成之后，就可以采用反应成形塑料进行真空注形，对定型样件进行复制，得到小批量的塑料件，其制作过程如下。

(1) 硅胶模以胶带捆紧，并做一个浇口。

(2) 将用胶带捆紧的硅胶模放置到加热炉中进行预热，一般情况下，预热温度为50～60℃。

(3) 将预热后的硅胶模置于操作平台上。

(4) 根据零件的大小计算并称量成形材料，并将其A、B两组分反应成形液态塑料分别放入两容器中。如图10-12所示睡眠仪壳体，原型零件的质量为560g，因此分别称量A、B两组分为295g和285g，这是因为混合过程中有损耗的原因。

(5) 将装有A、B两组分反映成形液态塑料的容器置于真空注型机中真空室的上方而硅胶模置于下方，关门抽真空，并保持10min。

(6) 将两容器中的反应成形塑料混合，搅拌后沿浇口注入硅胶模，并立即开启阀门加入1个大气压力，借助此压力使反应成形塑料充满硅胶模。

(7) 放入固化炉中固化处理，保持1～2h后，打开硅胶模得到真空注塑零件，即塑料件。

(8) 重复第(1)～(7)步，得到所需数量的塑料件。图10-13即为根据原型零件复制的塑料件。

图10-13　睡眠仪壳体的塑料件

3. 制作硅胶模具的注意事项

1）脱模操作要小心

对于原型中有倒梢、凹槽和凸起等的结构，脱模时只要不超出硅橡胶抗撕裂强度范围内的变形，一般都能顺利地脱模，但脱模时要非常小心，避免损坏硅橡胶模具和制件。

2）原型零件应满足一定的性能要求

原型要有较好的刚性和一定的强度，以免在制模时变形。并且，原型必须有正确的形状、精确的尺寸和较高的表面粗糙度。

3）选择合理的浇注方式

浇注过程中，如果浇注的方法和浇注位置不当，会使型腔内的气体泡裹入型腔内，使模具在固化后留下缺陷。解决的办法就是浇注过程中要分批逐渐地浇注，即先在原型表面薄薄地浇注一层，待表层硅橡胶呈半固化状态后，再浇注余下的材料，使硅橡胶和原型能够充分接触，便于气泡比较容易地排出。

4）模具必须放置平整

浇注硅橡胶模具时应尽量使硅橡胶模具上、下底面平整，避免端面凹凸不平，否则，在利用硅橡胶模浇注零件时，由于模具放置不平，容易引起浇注制件的尺寸变形。

5）气泡问题

无论用常压、加压或减压法制造硅橡胶模，模具内都可能混有气泡。气泡能造成模具的缺陷，在以模具浇注制件时可能有缩孔，有时也可能会有凸出点，影响制件的质量，并使硅橡胶模由于应力集中而降低强度，造成破损。产生气泡的原因如下。

(1) 硅橡胶的黏度较高，搅拌时容易混进不同程度的气泡。解决的办法是在真空条件下搅拌，或者适当减少交联剂和促进剂的用量，延长固化时间，以便有较长的时间让气泡自由逸出；另一个办法是降低硅橡胶混合料和浇注后的温度。

(2) 浇注方法和浇注位置不当，解决的办法是浇注过程中分批逐渐浇注。另外还可以在浇注完毕后放入抽真空装置中进行负压排气。

(3) 硅橡胶的交联是脱醇反应，如果反应过快，特别是在加温情况下，醇逸出后会留下许多孔点。在 40～60℃不同温度下，固化都有不同情况的小气孔，温度越高，孔点越多。在温度低于 25℃情况时，一般不会发生这种现象。基于此，硅橡胶的初步固化最好能在 25℃左右进行，待基本固化后，再进行高温后固化。

6）粘模问题

产生粘模的原因有如下几种。

(1) 浇入硅橡胶后固化温度太高或时间过长，就有粘模的可能。合适的硅橡胶固化工艺是先在 25℃温度下初固化 4～8h，然后取出原型，再在 120～150℃下固化 2～4h，这样就可以避免粘模。

(2) 交联剂用量过多或搅拌不够均匀，局部硅胶含有多量的脂，也会发生粘模。

(3) 硅胶在室温固化后，未经加热处理，此时硅橡胶模强度降低，往往也会造成粘模现象。

(4) 模具内产生小气泡，特别是在模侧壁处的小麻点和缺口过多，使硅橡胶的机械强度相应地降低，也易于发生粘模。

4. 硅胶快速制模的特点

1）易于操作

在制作硅橡胶模具的过程中，所需要的设备和条件都比较简单，一般仅需要有硅橡胶胶体、固化剂、真空机(泵)。有时需要烘干机、模具原型等。

2）快速性

硅橡胶可以在常温下固化，用硅橡胶制模，少则一天，多则几天便能完成。同时修改模具也很方便。若有样件，3～5 天就可以制作完成，若没有样件，采用 Pro/E、3ds Max、

Maya 等三维设计软件进行零件原型或模具设计，然后将原型设计数据（Pro/E、3ds Max、Maya 数据）转换成 STL 格式，通过一定的接口输出到快速成型机，由快速成型机直接制作出原型零件或模具。采用快速成型方法制作样件，再利用硅胶模，从设计构思到新产品制作完成需一个星期左右。

3）高柔性

由于新产品的设计开发采用计算机设计，所以在设计开发出一个新产品后，只需修改产品的 Pro/E、3ds Max、Maya 数据就可以生产出不同形状的新产品。

4）离型性佳

由于硅橡胶材料的邵氏硬度从 10～60A 不等，抗拉强度可达 4～6MPa，撕裂强度 9～55kN/m，因此，在脱模过程中，如果原型具有一定的脱模斜度，可以使用一定的拉力使它从原型表面分离，而不必担心会把硅橡胶模具撕裂。

5）耐高温

由于硅橡胶可以耐 200～350℃的高温，所以它可以直接浇注低温合金或金属，如可以直接进行纯锡或锡铅合金的浇注。

6）硅橡胶制模成本低

硅胶模制作周期一般为传统数控切削方法的 1/10～1/5，而成本仅为其 1/5～1/3。如果使用模具生产的产品批量较小（几十件）或者是用于新产品的试生产，就可以用生产制造成本较低的硅橡胶软模，其寿命为几十件，比较适合于产品试制和小批量生产。

7）可以更好地发挥 RP 技术的优势

由于快速原型零件制作成本高、力学性能差、耐温性低，使其直接利用受到了限制，利用快速原型样件制造硅橡胶模具再复制出塑料件，正好能够克服这些缺点。

8）为并行工程的实施创造良好的条件

基于快速成型技术的硅橡胶模具设计是面向制造的设计，可为并行工程的实施创造良好的条件。

9）可提高硅橡胶模具质量

基于 SL 技术的硅橡胶模具设计过程中的尺寸补偿、分型方向确定及分型面设计、脱模斜度选取、浇口设计等都有一定的规律性，其与液体塑料材料填充和固化 CAE 技术、液体硅橡胶材料硫化成形 CAE 技术相结合，可提高硅橡胶模具的质量，延长其使用寿命。

10）制件性能优良

根据聚氨酯配比不同，制成的样件性能优良，可直接与 ABS、PE（聚乙烯）、PP（聚丙烯）等塑料件相类比。

虽然硅橡胶模已得到了很大应用，但是，硅橡胶模仍存在一些问题，如强度较低，硅橡胶在长期加热后产生收缩现象等，这些问题有待今后在实践中进一步解决。

面对当今的市场竞争，企业要生存发展，要在整个市场中占有一席之地，就必须寻求一种快捷的生产方式。因此，大力发展硅橡胶快速制模具有巨大的市场前景。

10.1.2　金属电弧喷涂快速制模

电弧喷涂制模技术是一种基于电弧喷涂、3D 打印、数控加工和材料科学技术的经济、快速的模具制造工艺，其制模的技术工艺流程如图 10-14 所示。它通过电弧喷涂工艺制造模具金属型壳，并通过材料累加方法制造出具有材料梯度、功能梯度机构的模具，是一种近净成形的模具制造技术。该技术可用于制作金属冲压模具、热压成形模具以及塑料模具等，相对于钢模具的制造，其制作时间可以缩短一半以上，成本可以减少 25%以上。目前已经在飞机、汽车、拖拉机、家电、塑料、制鞋等行业成功应用，是极具发展潜力的一种模具制造新途径。

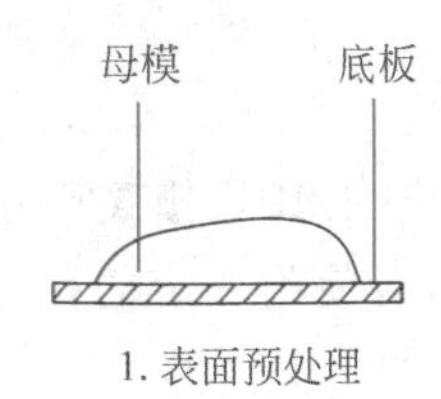

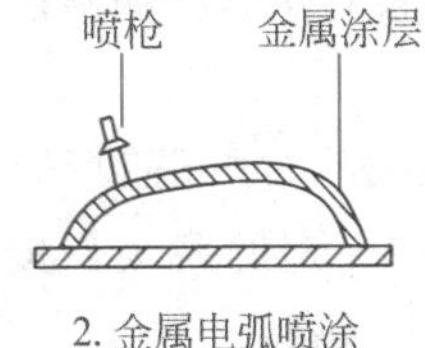

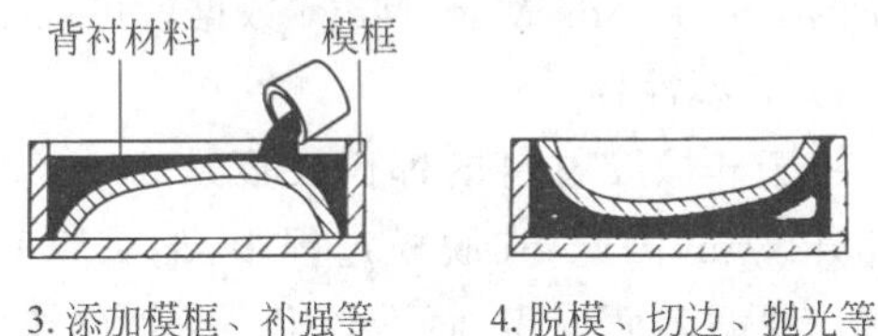

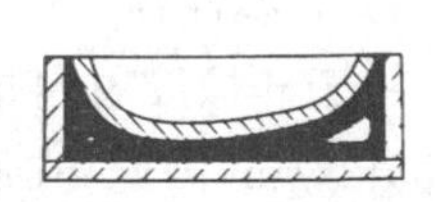

图 10-14　金属电弧喷涂快速制模技术工艺流程

1. 电弧喷涂技术的原理

电弧喷涂是利用在喷涂金属丝材端部产生的电弧来直接熔化喷涂金属，然后用压缩空气流对熔化的喷涂金属进行雾化、喷射，从而在原型表面形成涂层。金属电弧喷涂的原理如图 10-15 所示，喷涂机由喷枪、金属丝、送丝机构和电源等构成。其中，左、右两股金属丝在送丝机构的驱动下，不断经喷枪的内腔到达前端出口处，在此处，由于通过金属丝的大电流的作用，两股金属丝如同两个电极，在它们的尖端之间发生电弧放电，导致金属丝熔化。与此同时，压缩空气通过喷枪的内腔吹向出口处已熔化的金属，使它变成雾状，并喷射在快速原型工件(基底)的表面上迅速凝固，形成一层金属薄壳(厚度一般约为 2mm)。常用的金属丝有锌、铝、铜、镍及其合金，丝径为 2～3mm。喷涂时，工件表面的温度取决于金属丝的熔点 T、金属丝尖端与被喷涂表面之间的距离 L 和喷涂的持续时间 t。显然，T 越高，L 越小，t 越长，工件表面的温度越高，应控制此温度不超过快速成型制件的允许工作温度(其热变形温度通常为 60℃)。金属电弧喷涂的生产效率高、成本低、操作简单。喷涂前，工件不需预热；喷涂时，只有很少的热量传至制件，所以制件可维持较低的温度(一般不超过 65℃)不易发生变形，从而在很短的时间内能牢固地喷涂 10mm 厚的金属而不开裂。电弧喷涂中，熔滴直径尺寸分布在几十微米到几百微米不等，熔滴的凝固速度在 1/8000s 左右，喷涂金属熔滴的飞行速度约为 70m/s，并且具有以下规律。

(1) 喷涂粒子的运动轨迹基本上是一条直线。

(2) 喷涂粒子的运动速度与位移密切相关。喷涂粒子从喷枪喷嘴出来后，即在气流作用下被加速，但由于颗粒较大，所以绝对速度不大；随着粒子团的细化，粒子飞行速度达到最大值；随雾化气压的减小，粒子速度也随之下降，在正常的喷涂范围内，其速度基本保持不变，靠近轴线的粒子飞行速度较大，而且由于粒子的浓度较大其速度波峰滞后。

(3) 同一截面上的速度梯度分布曲线。在同一截面上由于气流压力分布的原因，粒子速度也有所不同，由截面中心向外粒子速度呈正态分布，越偏离轴线，其速度越低。

(4) 电弧喷涂过程中，除了电磁力外，雾化气流的动态性能对电弧燃烧的稳定性有贡献，由于喷枪内的雾化气流的气压分布不均一性，在电弧区产生紊流，紊流会使熔滴得到

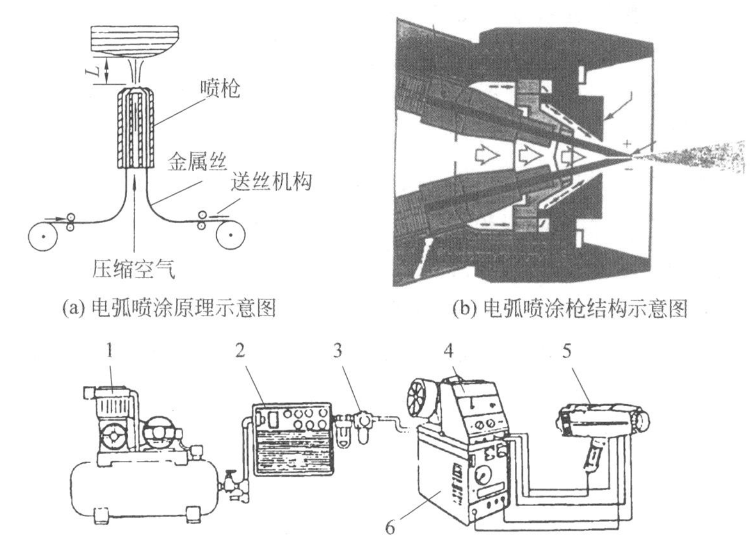

(a) 电弧喷涂原理示意图　　(b) 电弧喷涂枪结构示意图

(c) 电弧喷涂设备系统示意图

图 10-15　金属电弧喷涂原理示意图

1—空气压缩机；2—冷却装置；3—油水分离器；4—送丝机构；5—电弧喷涂枪；6—电弧喷涂电源

充分地混合，这种混合作用对管状丝材的喷涂有很重要的作用，可以使药粉元素和管皮充分反应，从而保证涂层的质量。

在电弧喷涂中，高速压缩空气一方面使飞行中的熔融金属液滴易于散热而降温，另一方面也对涂层和基体有冷却作用。这样对于 Al、Zn 基的金属喷涂(喷涂金属的熔点在600℃以下)，如果操作得当，涂层温度可控制在 60～70℃，而不会使快速原型零件基体过热。

2. 电弧喷涂制模工艺

基于金属电弧喷涂模具的样件制作工艺流程如图 10-16 所示。本小节以国内某企业车身样件电弧喷涂模具为例，说明金属电弧喷涂制模的过程，其开发过程如下。

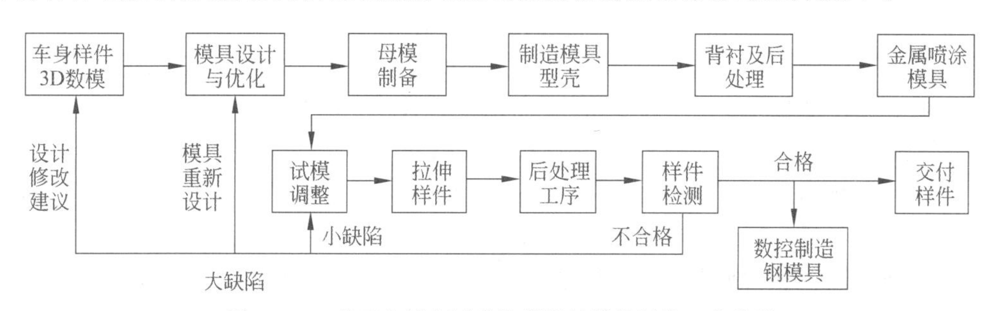

图 10-16　基于金属电弧喷涂模具的样件制作工艺流程

(1) 构造车身样件的 3D 数模。按照样件的性能要求和使用要求，在计算机上应用目前通用的实体造型软件 Pro/E 设计其三维 CAD 模型。

(2) 制作母模。将设计好的零件 3D 模型以 STL 文件格式传输给快速成型机，快速成型机按照零件的3D模型进行分层切片,得到控制信息。按照控制指令,固化液态光敏树脂,制成原型样件。

(3) 围框。根据原型样件的尺寸,确定喷涂底板的尺寸和模具模框的尺寸并将SL原型样件固定在喷涂底板上。

(4) 表面预处理。在母模和喷涂底板上涂刷脱模剂PVA。选用颗粒直径小于2μm的陶瓷粉,以酒精为溶剂,形成陶瓷粉的悬浊液,喷涂于模型表面,随后喷涂PVA,自然或热风干燥,PVA在模型表面形成完整薄膜。

(5) 制造模具型壳。脱模剂晾干后,进行第一次喷涂,制作模具的凹模型腔壳体,将壳体厚度控制在3~5mm。根据本文金属电弧喷涂材料选择实验和电弧喷涂工艺参数对涂层结合强度的实验的实验结果,选择Zn作为喷涂材料,其电弧喷涂的工艺参数见表10-1。

表10-1 节水滴管模具电弧喷涂工艺参数

工艺参数	空气压力	喷涂电流	喷涂距离
参数数值	0.7MPa	190A	150mm

喷涂时要注意喷枪的移动速度,它对涂层的温度场和应力场有重要影响,从而影响涂层与基体的结合质量。

对于尺寸在200mm×200mm模型,喷枪的移动速度在100~200mm/min,扫描间距为30~60mm时,喷枪移动速度对涂层组织影响不大。

当模具尺寸小于200mm×100mm时,不仅要严格控制喷枪的移动速度、扫描速度,而且要间断停止喷涂,避免局部基体、涂层温度过高,导致涂层鼓包。

当模型尺寸达到400mm×200mm时,完成一次喷涂过程时间较长,在喷涂初期,应将模型分区,优先保证形状、结构复杂区域,形成完整的涂层,使之成为其他区域涂层边沿,当所有区域表面都沉积了完整涂层后,喷涂中、后期可按顺序进行。

(6) 将喷涂壳体装入凹模模框,装入冷却铜管并填充模具背衬材料。背衬材料由环氧树脂850S、固化剂聚酰胺651和100#还原铁粉组成,其操作步骤如下。

① 将850S加热到30~50℃,然后加入10%的丙酮稀释,以增加其流动性。

② 将还原铁粉烘烤到50~60℃,倒入850S中搅拌,搅拌均匀后将混合物静置1~2h,以使空气充分排出。

③ 加入固化剂搅拌均匀,静置10~15min。

④ 将背衬材料一次注入模具框架,35℃下保温2~3h,接着在室温下固化24h即可脱模,浇注时在适当位置放置合适的浇注系统、冷却系统等钢结构件。

(7) 将凹模模框翻转过来,去掉喷涂底板,在分模面和SL原型另一面涂刷脱模剂PVA。

(8) 脱模剂干燥后进行第二次喷涂,形成凸模型腔壳体。

(9) 安装凸模模框,装入凸模冷却铜管,将背衬材料浇入模框中,固化24h以上。

(10) 将凹模、凸模分离,取出SL原型,完成模具凹模、凸模的制作。

(11) 组装试模。图 10-17 为某汽车公司某车型的 3 个零件制作样车快速成型样件，模具制作时间为30 天，3 个零件分别是前臂侧板(左、右)和前上构件横梁。快速模具制造在汽车行业中的应用，大大缩短了新车的研制周期，降低了开发成本。

图 10-17　某汽车公司某车型的 3 个零件制作样车快速成型样件

3. 电弧喷涂制模的特点

(1) 电弧喷涂制作模具工艺简单。电弧喷涂以样件为基准，利用电弧熔化金属，压缩空气使金属雾化并喷射到样件表面，形成模具型腔。这种方法比机械加工或电加工成形都简单，尤其是形状复杂、机械加工难以实现的模具型腔，其效果更为明显。

(2) 制模周期短。常规的模具加工从铸(或锻)件、粗加工、精加工、仿型加工、钳工研配到模具成品，需要一个很长的加工周期，某些形状复杂的型腔模具，直接加工成形较困难，不得不采用拼接镶嵌的结构式，从而使模具的设计和制造周期相应加长。采用电弧喷涂制作模具，只要有了样件，可在很短的时间内制作出符合要求的模具。

(3) 模具性能好。与非金属材料模具，如金属粉树脂模相比，表面硬度、耐磨性、粗糙度等性能大幅度提高。

(4) 电弧喷涂制模成本低。喷涂模具所用的主要材料为喷涂金属丝和基体填充材料。喷丝用量很少，只有薄薄的一层，所占模具费用比例甚微。在新产品开发或小批量生产时，制造成本仅是用机床生产的 1/10、铸造生产的 1/2，且不需要价格昂贵、复杂的机加工设备。电弧喷涂制模技术的成本与其他加工模具方法的成本比较如图 10-18 所示。

电弧喷涂复型性好，适用于各种原型材料。如金属、木材、蜡或环氧树脂；制模精度高，热扭曲或热收缩问题不明显，喷涂时原型表面温度一般不超过 60℃。原型尺寸不受限制，从数平方毫米到数平方米的原型零件都可进行喷涂。

电弧喷涂制模是一种典型的快速制模技术，它具有制模工艺简单、制作周期短、模具成本低等显著特点，特别适用于小批量、多品种的生产使用，尤其在当前市场竞争日益激烈的情况下，电弧喷涂制模技术为产品的更新换代提供了一个全新的制模方法和捷径。此技术将越来越受到人们的重视和应用。但是，电弧喷涂也存在以下缺点。

① 形成金属薄壳时会在薄壳内产生很高的张应力。为此，可在喷涂的同时进行喷丸处理。由于钢丸撞击金属薄壳，诱发压应力，从而抵消薄壳内的张应力。

② 难以喷涂窄槽和小孔的内表面。为此，可先用铝、黄铜制作窄槽或小孔状的嵌块，并将其固定在基底相应的位置上，然后围绕这些嵌块进行喷涂。在后续工序中，即使移去基底，嵌块也能良好地固定在金属薄壳上，并且其强度比薄壳好。

③ 喷涂层的金属组织结构不够致密,有疏松小孔,影响强度和密封性。

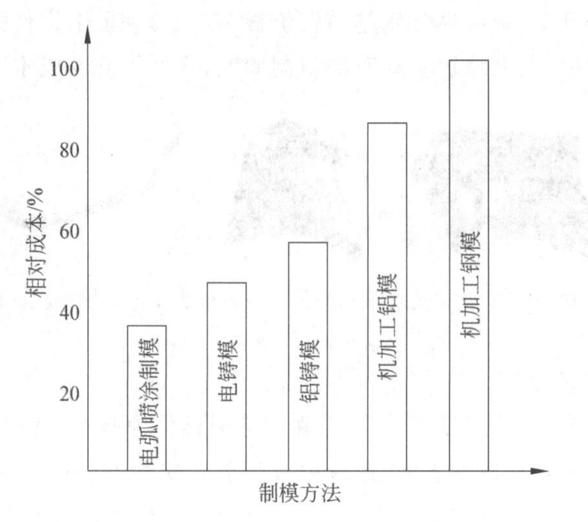

图 10-18 几种加工模具方法的成本比较

10.1.3 金属树脂快速制模

金属树脂模具就是以环氧树脂与金属粉填料(如铝粉、铁粉、铜粉)为基体材料,以样件为基准浇铸而成的模具。以金属粉为填料所制的树脂模具有以下特点。

(1) 热传导率高。

(2) 强度高:由于环氧树脂中的环氧基团与金属表面上的游离键起反应,形成化学键,基体之间形成很强的结合力,使浇铸体具有很高的强度。

(3) 工艺简单,周期仅为同类钢模的 10%～50%。

(4) 型面可不加工,故成本低,仅为同类钢模的 20%～50%。

1. 金属树脂模具浇注成形工艺

金属树脂模具浇注成形的工艺流程如图 10-19 所示。

(1) 设计制作原型。首先按照前述 RP 原型的设计制作原则,利用快速成型技术设计制作原型。

(2) 原型表面处理。原型表面必须进行光整处理,采用刮腻子、打磨等方法,使原型尽可能提高光洁度,然后涂刷聚氨酯漆 2～3 遍,使其达到一定的光洁度表面。

(3) 设计制作金属模框。根据原型的大小和模具结构,设计制作模框。模框的作用一是在浇注树脂混合料时防止混合料外溢,二是在树脂固化后模框与树脂粘结在一起形成模具,金属模框对树脂固化体起强化和支撑的作用。模框的长和宽应比原型尺寸放大一些,一般原型放到模框内,模框内腔与原型的间隔应在 40～60mm,如图 10-20 所示。高度也应适当考虑。浇注时模框表面要用四氯化碳清洗,去除油污、铁锈、杂物,以使环氧树脂固化体能与模框结合牢固。

(4) 选择和完善分型面。无论是浇注金属环氧树脂模具还是考虑用模具来生产产品,都要合理选择模具的分型面。这不仅为脱模提供方便,而且能提高产品质量,尽可能减少重复修整工作等必须考虑的技术措施。另外，严禁出现倒拔模斜度，以免出现无法脱模等现象。

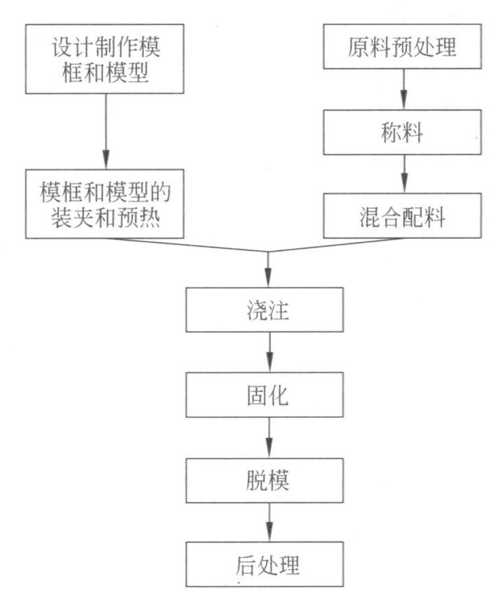

图 10-19　常温金属树脂模具浇注成形的工艺流程

(5) 上脱模剂。选用适当的脱模剂，在原型的外表面(包括分型面)，平板上均要均匀细致地喷涂脱模剂。

(6) 涂刷模具胶衣树脂。把原型和模框放置在平板上(见图 10-20)，原型和模框之间的间隙要调整均匀。将模具胶衣树脂按一定的配方比例，分别先后与促进剂、催化剂、固化剂混合搅拌均匀，即可用硬细毛刷等工具将胶衣树脂刷于原型表面，一般刷 0.5～0.2mm 厚即可。

(7) 浇注凹模。如图 10-21 所示，当表面胶衣树脂开始固化但还有黏性时(一般30min)，将配制好的金属环氧树脂混合料沿模框内壁(不可直接浇到型面上)缓慢浇入其中的空间。浇注时可将平板支起一角，然后从最低处浇入，这样有利于模框内气泡逸出。

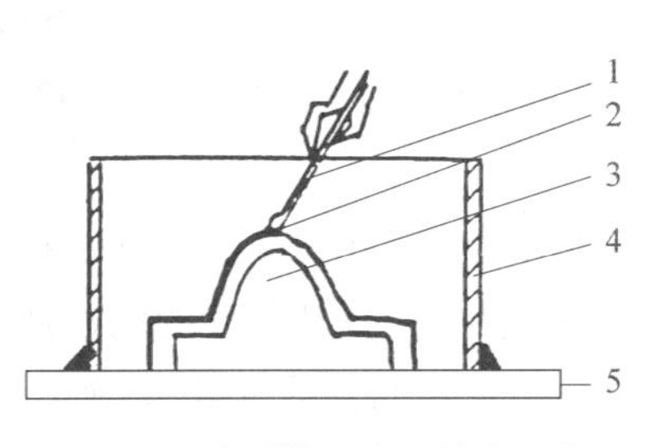

图 10-20　涂刷模具胶衣树脂示意图
1—硬细毛刷；2—胶衣树脂；3—原型；4—金属模框；5—平板

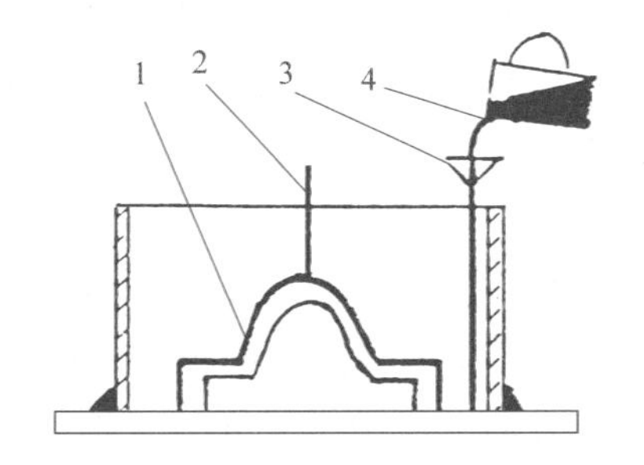

图 10-21　浇注凹模示意图
1—胶衣树脂；2—顶模杆；3—漏斗；4—金属树脂混合料

(8) 浇注凸模。待凹模制成后,去掉平板,如图 10-22 所示放置,在分型面及原型内表面均匀涂上脱模剂,然后在原型内表面及分型面涂刷胶衣树脂。待胶衣树脂开始固化时,将配制好的混合料沿模框内壁缓慢浇入。

(9) 分模。在常温下浇注的模具,一般 1～2 天就可基本固化定型,即能分模。

(10) 取出原型,修模。由于金属树脂混合料固化时具有一定的收缩量,分模后,原型一般留在凹模内。脱取原型时,可用简单的起模工具,如硬木、铜或高密度塑料制成的楔形件,轻轻地楔入凹模与原型之间,也可同时吹入高压气流或注射高压水,使原型与凹模逐步分离,脱取原型时,应尽量避免用力过猛、重力敲击,以防止损伤原型和凹模。

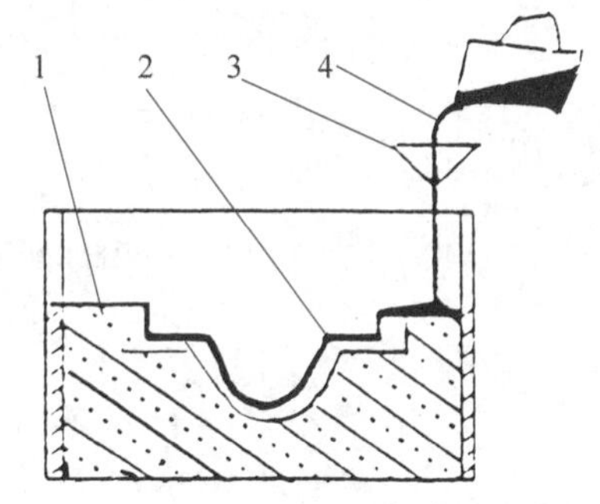

图 10-22 浇注凸模

1—凹模；2—胶衣树脂层；3—漏斗；4—金属树脂混合料

正常情况下,如操作得当,脱模十分容易,完全可以避免型面修补工作。取出原型后,将模具切除毛边,修整,人工对型面稍加抛光,有的还要做些钻孔等机械加工,以满足组装需要。

在浇注过程中,应力较高的区域应嵌入金属条加以增强,若需螺纹连接,还要配带螺纹的金属嵌件,同时还应增设冷却管道(一般为钢管)及定位销。

对于固化温度要求较高的模具材料配方,其浇注工艺与前述基本相同,只是另外再做一个工作模来代替 RP 原型零件,以承受其高温作用。

2. 金属树脂制模常见问题及解决办法

对于金属环氧树脂制模方法,常见的质量问题:脱模困难,表面粗糙度不佳,表面胶衣层与金属树脂混合料的固化体产生分离现象,表面裂纹,模具表面有微凸起,填料沉淀,分层,模具尺寸精度较差等。下面具体分析出现这些问题的原因及这些问题的处理办法。

(1) 脱模困难。脱模困难产生的原因常有两种情况。

① 因为原型有倒梢或凸凹不平,造成原型与树脂固化体相互镶嵌。遇此情况,要慢慢地取出原型。在其镶嵌不大时,一般都能取出,取出原型后要及时修整原型及模具。产生镶嵌的原因主要有三种。一是由于原型本身带有倒梢或凸凹不平;二是由于原型强度及耐热性不够,树脂混合体在固化过程中发生放热反应,使原型发生变形;三是原型使用不当,如摆放倾斜等,也会造成镶嵌。

② 脱模剂使用不当有两种情况,一是脱模剂选用不当;二是脱模剂没有涂布均匀。脱模剂的选用很关键,要根据环氧树脂及其烘干条件来选用,一般油剂状的脱模剂(脱模灵)使用比较方便,但其只能在常温固化条件下使用,对于高温固化的树脂,必须选用能耐高温的油脂状的脱模剂(如高真空绝缘硅脂)较为合适。

脱模剂在使用时要涂布均匀,这有两方面的含义,一是在涂布脱模剂时不要有遗漏;二是涂布脱模剂时不要留下痕迹,以免影响模具表面质量。

（2）表面粗糙度差。影响模具表面粗糙度的因素：①原型表面粗糙度；②表面胶衣树脂质量及其涂布工艺；③脱模剂的涂布；④原型表面的微气泡。

具体解决的方法是尽可能提高原型表面的光洁度；选用较好的胶衣树脂，涂刷时要细致；脱模剂的涂布要均匀，既不要有遗漏，又不要留痕迹；浇注树脂混合体时最好在负压下进行。

（3）表面胶衣层与基体产生分离现象。产生这种现象的原因，主要是在浇注金属树脂混合料时，要在胶衣树脂刚开始固化但还有粘性时进行，不能等到胶衣树脂完全固化再浇注基体混合料，否则就会产生表面胶衣层树脂与基体树脂粘结不牢，产生分离。胶衣层的凝胶程度一定要掌握得恰到好处，以确保胶衣层与树脂基体粘结的完整性。

（4）表面裂纹。对于以金属粉为填料的树脂混合体，一般不容易产生裂纹，但若固化工艺不当，尤其是对于高温固化的金属树脂混合体，如果固化工艺选择不当，就会使固化体内产生应力，冷却后在应力集中的地方产生裂纹。避免产生裂纹的措施是合理选择固化工艺，在混合体完全固化后随炉温冷却。

（5）模具表面有微凸起。对于高温配方，使用了石膏型作为制作金属树脂模具的过渡模，由于石膏型表面有微毛细孔，如果封闭剂涂布不当，产生遗漏，在浇注树脂混合料时，液体树脂就会渗入石膏型表面的微毛细孔，固化后就在模具表面形成了微凸起，这不仅影响树脂模具的表面质量，也会使石膏型与树脂模具产生微镶嵌，使脱模困难。解决的措施就是在对石膏型表面涂布封闭剂时要均匀细致，不要有遗漏，一般涂刷 2～3 遍即可消除此缺陷。但也要注意封闭剂的涂布不可太厚，否则会影响模具的表面质量及尺寸精度。

（6）填料沉淀、混合体分层。由于金属粉（特别是铜粉、铁粉）的比重与液态环氧树脂的比重相差比较大，固化过程中在树脂还没有胶凝前，就会产生填料沉降的现象，从而引起混合体分层，使固化后的浇铸体内的结构和性能不均匀。解决的办法：一是在混合体中加入适当的促进剂，以缩短浇注料的凝胶时间；二是加入 ASA 防沉降剂。ASA 具有铝酸酯的结构，它含有可与活泼氢发生反应的基团，因而可与含羟基、羧基或表面吸附水的无机填料发生化学键合作用。例如，当在含有重质铁粉填料的环氧浇注体中加入 ASA 后，ASA 的反应性基团可取代铁粉体系表面的羟基或吸附水，这就改善了铁粉和树脂之间的相容性和结合力，从而产生防沉降的作用。ASA 的一些理化指标见表 10-2。

表 10-2　ASA 的理化指标

外观形态	无色流动液体
密度/(g/cm^3)，20℃	1.01
黏度/(Pa·s)	90
含铝量/%	6.84
溶解性	溶于 200＃汽油、二甲苯、醋酸丁酯、松节油

(7) 模具尺寸精度较差。影响金属树脂模具尺寸精度的因素主要有两个方面，一是原型尺寸的影响；二是金属树脂混合体的影响。

由于对成形材料变形规律掌握不够，因此在RP原型设计制作过程中，对各种补偿因子就不能准确地设定。外界环境条件的变化，也会使RP原型的制件尺寸产生误差。RP原型在后处理过程中(包括打磨、刷腻子、刷漆等)，也会使原型尺寸产生变化，引起误差。

金属树脂混合体在固化过程中，受设备条件的限制，浇注工艺、固化工艺的影响其收缩变形也不稳定，也会产生误差。

解决的措施是通过实验充分掌握成形材料、金属环氧树脂混合体、过渡模材料的固化变形规律，同时也应选定较佳的金属树脂混合体的固化工艺，以期具有稳定的变形规律，从而在RP原型设计制作时给予补偿，最大可能地消除尺寸误差，以确保模具型腔的最终尺寸与制件尺寸相吻合。

10.1.4 等离子喷涂快速制模

1. 等离子喷涂原理

等离子喷涂(plasma spray)的原理示意图如图10-23所示。其中，喷枪的钨电极与直流电源的负极相连，水冷紫铜喷嘴与直流电源的正极相连，工作气体(如氩、氦、氢或氮)通过气路系统进入喷枪，金属或非金属(如陶瓷)粉末状喷涂材料借助送粉气流(一般用氩气或氮气)送入喷枪。工作时，在钨电极和喷嘴之间的工作气体被电离，产生高温等离子弧(其中的正、负离子数相等)，从而熔化粉末，并使其跟随高速火焰流喷射到需喷涂的工件表面。这种熔粒打击并粘结在工件表面，在此表面形成力学结合的涂层。

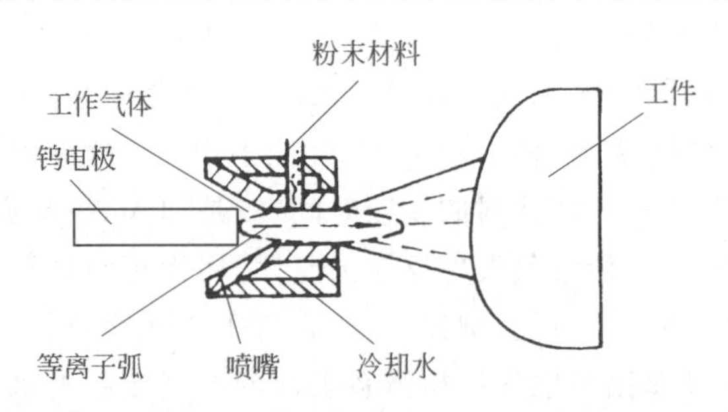

图10-23 等离子喷涂的原理示意图

2. 等离子喷涂制模工艺

用等离子喷涂法制作具有复杂精密图案的模具可采用图10-24所示的两种工艺方法。两种工艺的区别是图10-24(a)在母体上喷涂，图10-24(b)在工作模上喷涂，工作模是母体的复制品，但表面凹凸情况相反。对贵重的母体采用图10-24(b)的方法。此时，等离子喷涂不会对母体产生任何不良影响。本书采用图10-24(a)的方法，介绍其基本制作过程如图10-25所示。等离子喷涂法制作凹模和凸模的过程是相同的，下面只叙述凹模的制作过程。

对具有复杂精密图案的母体表面进行预处理，主要是在母体表面生成一定厚度的氧

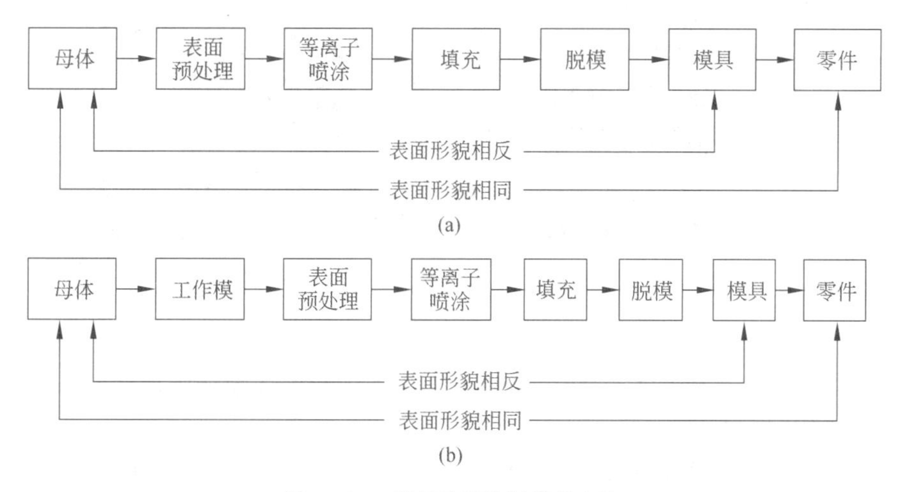

图 10-24　等离子喷涂制模的方法

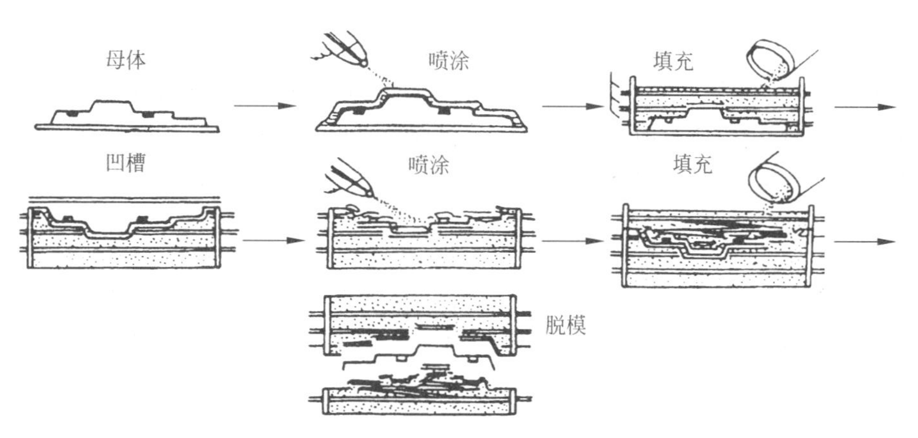

图 10-25　等离子喷涂制模过程

化膜，以便于脱模。将要求的粉末材料（金属、陶瓷、金属和陶瓷的复合粉末）用等离子弧喷涂到母体表面，形成一定厚度的喷涂层。用环氧树脂或其他低熔点金属材料填充喷涂层，使喷涂层厚度和强度增加，再将母体和喷涂层脱离，即获得带精密图案的凹模。用同样的方法制作凸模，再将凹模和凸模组合起来，即获得一副完整的模具。

在上述模具的制作过程中，母体和涂层的脱离、涂层对母体表面图案的复制精度是关键。通过参数优化，可获得满意的结果，如图 10-26 所示。等离子喷涂所获得的涂层表面与母体表面非常吻合，母体表面非常精密的图案也可以完好地复制下来。

3. 等离子喷涂快速制模的特点

用等离子喷涂法可快速制作型腔具有复杂精密图案的模具，该工艺特别适合小批量生产，工艺简单，成本低，是很有发展前途的新的制模方法。等离子喷涂方法制作模具有以下特点。

① 等离子弧的能量高度集中，温度可达 10000℃以上，它不仅可以喷涂金属粉末，也可以喷涂陶瓷粉末或金属与陶瓷的复合粉末，制作的模具型腔表面性能优良。

(a) 母体表面

(b) 涂层表面

图 10-26 母体表面和涂层表面

② 由于等离子弧的流速大,粉末颗粒能获得较大动能,涂层致密性较好,可以制作型腔带有精密表面图案的模具。

③ 等离子弧气氛可控,可使用还原性气体和惰性气体作为工作气体,这样就能比较可靠地保护喷涂材料不被氧化。

④ 制作周期短,工艺过程简单,模具制造成本低。

与传统的制造技术相比,快速成型制造技术在模具制造中具有多方面的优势。新产品开发周期短、成本低、产品设计柔性高等。但目前由于该技术的成本还比较高,加之制件的精度、强度和耐久性方面还不能完全满足用户的要求。因此,快速成型制造技术在模具工业中的应用还有一些待解决的问题,但其一定会成为未来模具的重要发展方向之一。

10.1.5 铸造模的快速铸造技术

3D 打印技术与传统铸造技术相结合形成了快速铸造技术。基本原理是利用 3D 打印技术直接或间接地打印出铸造用消失模、聚乙烯模、蜡模、模板、铸型、型芯或型壳,然后结合传统铸造工艺,快捷地铸造金属零件。快速铸造技术的工艺流程如图 10-27 所示。

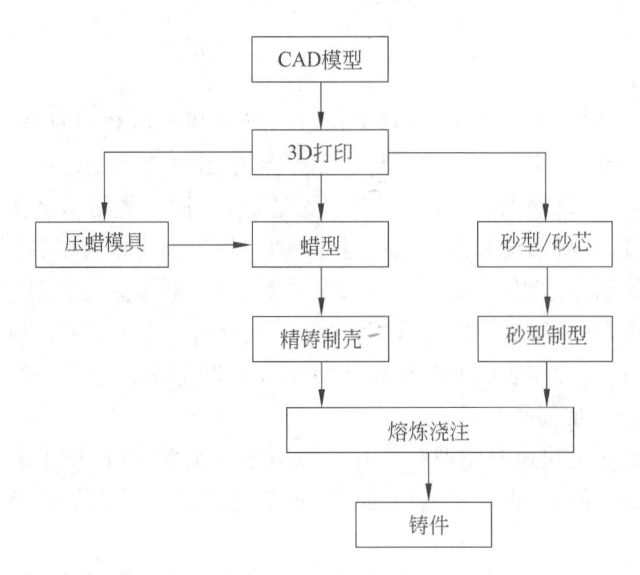

图 10-27 快速铸造技术的工艺流程

3D打印技术与铸造工艺的结合，充分发挥了3D打印的速度快、成本低、可制造复杂零件及铸造成形任何一种金属，且不受形状、大小影响、成本低廉的优势。它们的结合正可扬长避短，使冗长的设计、修改、再设计到制模这一过程极大地简化和缩短。

1. 快速砂型铸造

砂型铸造(sand casting)过程如图10-28所示，它采用的模型常有木模型与金属模型两种。其中木模型用于单件、小批量铸造生产，金属模型用于大批量铸造生产。增材制造技术与传统砂型铸造结合形成快速砂型铸造。快速砂型铸造是利用SL树脂模样，代替木模或金属模制作砂型或者砂芯进行实型铸造，也可用消失法铸造代替模型，用于造型后不易起模、精度要求较高的铸件，从而实现砂型铸造的快速化。图10-29给出了叶轮的快速制造过程。

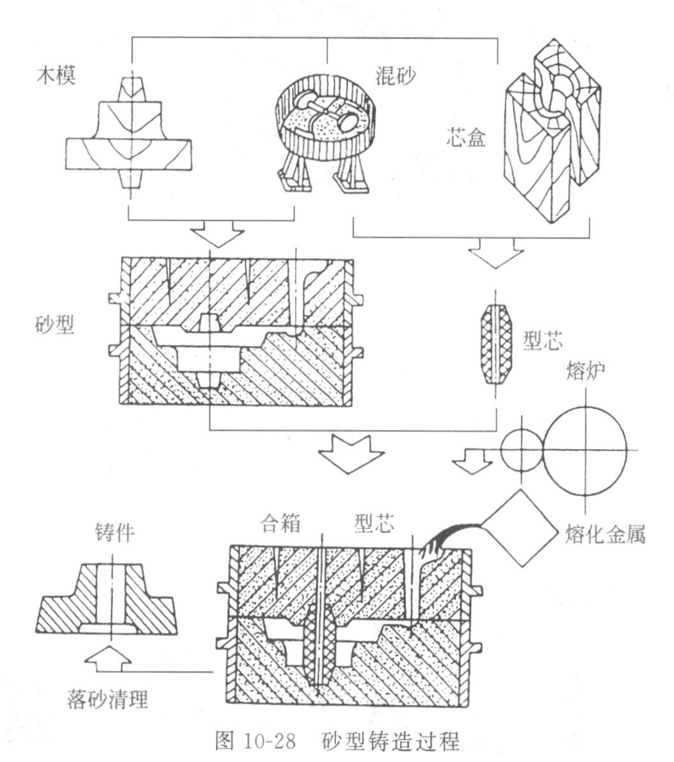

图10-28　砂型铸造过程

(a) 叶轮数模

(b) 叶轮SL原型

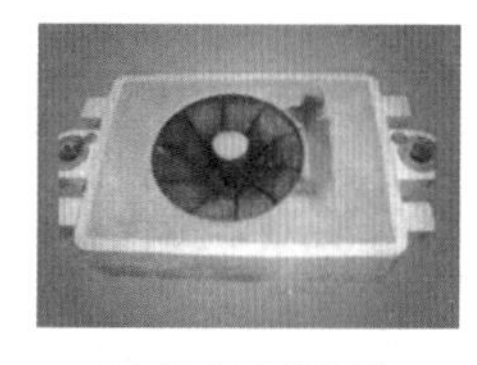

(c) 传统砂型制作

(d) 叶轮铸件

图10-29　叶轮的快速制造过程

2. 快速熔模铸造

熔模铸造(investment casting)又称为熔模精密铸造、失蜡铸造，是一种近净成形的先进工艺，能生产出接近零件最终形状的精密复杂铸件，铸件不加工或者少量加工就可使用。增材制造技术与传统熔模铸造结合形成快速熔模铸造。快速熔模铸造技术工艺过程的应用示例如图 10-30 所示。

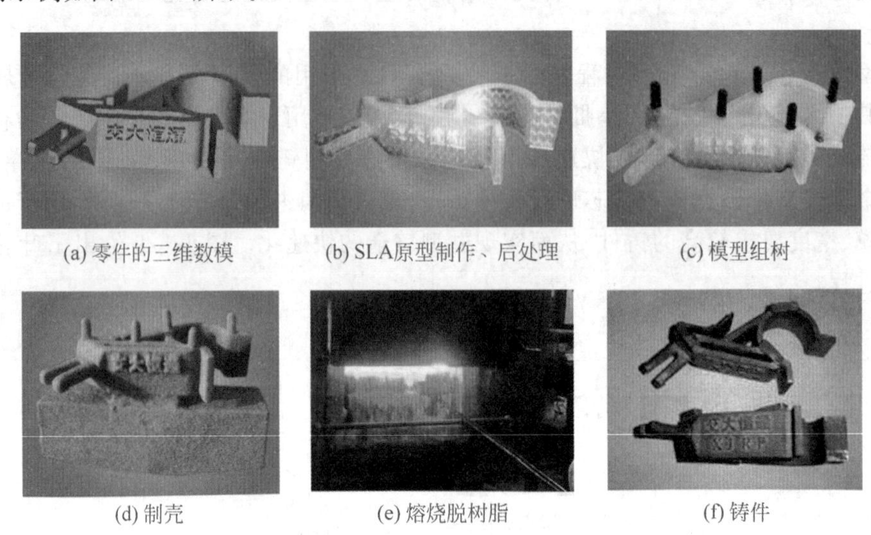

(a) 零件的三维数模　(b) SLA原型制作、后处理　(c) 模型组树

(d) 制壳　(e) 熔烧脱树脂　(f) 铸件

图 10-30　快速熔模铸造的工艺过程

3. 快速石膏型铸造

石膏型铸造(plaster casting)是将熔模组装，并固定在专供灌浆用的砂箱平板上，在真空下把石膏浆料灌入，待浆料凝结后经干燥即可脱除熔模，再经烘干、焙烧成为石膏型，在真空下浇注获得铸件，适于生产尺寸精确，表面光洁的精密铸件。增材制造技术与传统石膏型铸造结合形成快速石膏铸造。利用 SL 光固化原型作为石膏型的蜡模，可以制作复杂件和精密件，如图 10-31 所示。

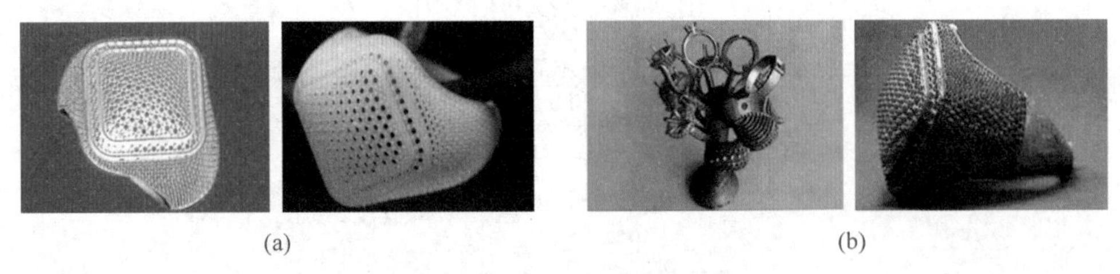

(a)　(b)

图 10-31　石膏型铸件

10.2　在生物医学领域的应用

在生物医学制造领域，增材制造技术得到了广泛关注和发展，该领域也是增材制造技术研究最前沿的领域之一。

1. 医学模型快速建造

利用 3D 打印技术，可将医学道具、模型、用品等材料通过计算机影像数据信息形成实体结构，用于医学教学和手术模拟。2013 年，美国一位儿科医生成功打印制作出患者心脏实物模型，如图 10-32(a)所示。通过 3D 打印出的心脏模型能够让医生在心脏手术之前充分了解患者心脏结构，可以让手术准确地对准患处，减少正常组织损伤，从而降低手术风险，提高手术成功率。图 10-32(b)是骨科临床上采用 3D 打印“导板”辅助手术的案例，医生为了使钢钉能够准确地钉入骨头中，根据患者缺损组织数据，利用 3D 打印机打印出两块不同大小两端带有钉孔的“导板”，术前，医生先用导板在“仿真”骨头上进行钢钉植入路径准确定位；术中，医生再次借助这个导板，找到术前确定的钢钉植入位置，通过钉孔将钢钉精准地打入骨头中。国内外都有借助 3D 打印技术成功完成连体婴儿分离手术的案例。2015 年，美国德克萨斯儿童医院在分离手术前，先使用 3D 打印机制造出了婴儿连体器官的模型，模拟实际的分离手术，以预见和规避手术中可能出现的并发症。同年，我国上海复旦大学附属儿科医院首次借助 3D 打印技术成功完成臀部连体女婴的分离手术。目前，3D 打印医学模型已获得较好的技术支持，具备一定的打印速度，能使用多种材质进行打印，应用程度高，有很好的应用前景。

(a) 3D打印的心脏实物模型

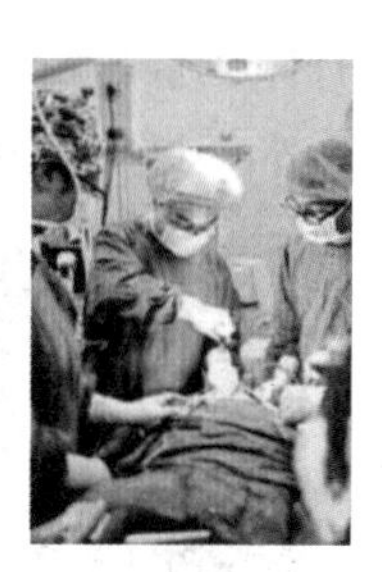

(b) 3D打印手术“导板”

图 10-32　3D 打印的医学模型

2. 组织器官代替品制作

人体组织器官制造需要“细胞打印”技术，即是增材制造技术与生物制造技术的有机结合，解决了传统组织工程难以解决的问题，利用计算机控制含细胞液滴的沉积位置，在指定位置逐点打印，层层叠加形成三维“多细胞/凝胶”体系。该技术对替代物材料的要求很高，但目前已有一些成功案例，比如复制人体骨骼、人造血管等。2011 年，德国科学家团队利用 3D 打印机等相关技术，成功研制出柔韧的人造血管，如图 10-33(a)所示，该成果能使血管与人体融合，同时解决了血管免遭人体排斥的问题，有望成为广大器官移植者的福音。2012 年，一位 83 岁的骨髓炎患者接受了 3D 打印技术制作的人工下颌骨移植手术，术后新的下颌骨未对患者的语言和表达造成影响。人造下颌骨在制造过程中，研究人员扫描患者骨骼需求位置情况，设计出骨骼部件的模型，然后利用高精度的激光枪熔解钛粉材料，并将其以层叠方式累积起来，经过固定成形，制成一个人造骨骼实物，如图 10-33(b)所示。2013 年，美国康奈尔大学的研究人员利用牛耳细胞在 3D 打印机中打印出人造耳朵，如图 10-33(c)所示。与此同时，微型人体肝脏也已被成功制造。该技术有望用于先天畸形儿童的器官移植。

3. 脸部修饰与美容

利用 3D 打印技术制作脸部损伤组织，如耳、鼻、皮肤等，可以得到与患者精确匹配的

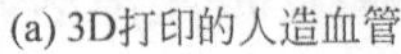
(a) 3D打印的人造血管

(b) 3D打印的人造下颌骨

(c) 3D打印的人造耳朵

图 10-33　3D 打印的组织器官

相应组织，为患者重新塑造头部完整形象，达到美观效果。2015 年，74 岁的皮肤癌幸存者 Keith Lonsdale 使用 3D 打印技术制作的“假脸”遮挡因切除手术而在脸上留下了一个大洞，重新找回自信，找回快乐，如图 10-34 所示。制作中，首先全面扫描患者头骨及面部，根据所得的结果分析并建立起原来的面部三维图像，再打印输出实物，通过使用特殊的材质，再打印制作出与面部完美贴合并且栩栩如生的假脸。随着 3D 打印技术所支持材质的增多，打印质量的精细化，以及美容市场的壮大，脸部修饰与美容应用将有更加广阔的天地，应用水平也将得到进一步提高。

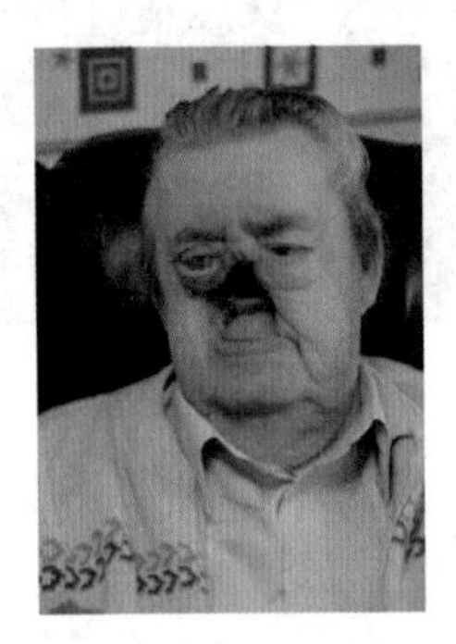
(a) Keith Lonsdale手术后在脸上留下“大洞”

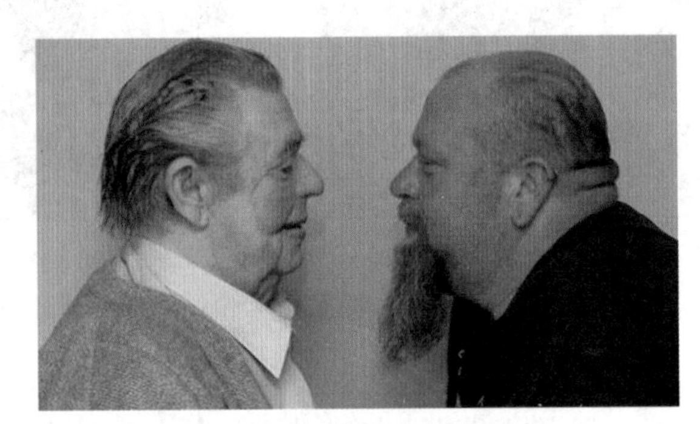
(b) 以Keith 儿子的脸为模型，利用3D打印技术制作的“假脸”面具

图 10-34　3D 打印“假脸”

10.3　在航空航天领域的应用

先进的航空航天制造技术是体现一个国家科技水平、军事实力和综合国力的重要标志之一。随着航空航天科技的迅速发展，面对不断提高的国防建设要求，新一代飞机必须满足超高速、高空、长航时、超远航程的需求，为了提高飞机的可靠性，先进飞机和发动机越来越多地增加钛合金、高温合金、高强铝合金和超高强度钢等高强度合金的用量，且结构越来越复杂，加工精度要求越来越高，传统的加工技术很难满足生产需求，导致高强度合金大型复杂整体结构件和精密复杂构件的制造尤其困难，成为先进飞机及航空发动机发展的瓶颈之一。而增材制造技术由于能够实现高性能复杂结构金属零件的无模具、快速、全致密、净成形，成为应对飞机及航空发动机领域技术挑战的最佳新技术途径。同时，

增材制造技术所具有的自由实体成形特征，也为实现先进飞机结构的轻量化、紧凑性和多功能设计，提升飞机设计和研发效率创造了重要条件。

自增材制造技术问世以来，美国 Boeing 公司、洛克希德·马丁(Lockheed Martin)公司、GE 航空发动机公司、Sandia 国家实验室，欧洲航空防务与航天(EADS)公司、英国罗尔斯-罗伊斯(Rolls-Royce)公司、法国赛峰(SAFRAN)公司、意大利 Avio 公司、加拿大国家研究院、澳大利亚国家科学研究中心、中国的北京航空航天大学、西北工业大学等研究机构都已开始对增材制造技术及其在航空航天领域的应用进行了大量研究工作。

目前，美国 Boeing 公司针对增材制造在航空制造方面的应用已走在世界前列，该公司已在 X-45、X-50、无人机、F-18、F-22 战斗机项目中应用了聚合物增材制造和金属增材制造技术。2001 年以来，美国 Lockheed Martin 公司联合 Sciaky 公司开展了大型航空钛合金零件的 EBF 制造技术研究，采用该技术成形制造的钛合金零件(见图 10-35)已于 2013 年装到 F-35 飞机上成功试飞。不过，Boeing 和 Lockheed Martin 公司目前在飞机上装机应用的增材制造零件主要还是非结构件。美国 GE 公司在促进直接增材制造在航空领域应用方面已走在国际前列，该公司重点开展航空发动机零件的 SLM 和 EBM 制造研究和相关测试，图 10-36 所示为 GE 公司发布的第一款在商用喷气式发动机上试飞的 3D 打印引擎零件。GE 正在对其他一系列产品进行验证，下一代 LEAP 喷气式发动机的飞行测试已经开始，该发动机配备了 19 个由 3D 打印技术加工的燃油喷嘴。该发动机有望在波音 737MAX 和空客 A320neo 上应用。在欧洲，空客(Air Bus)公司也于 2006 年开展了起落架金属增材制造技术研发工作，对飞机短舱铰链进行拓扑优化设计，使最终制造的零件减重 60%，并解决了原设计零件在使用过程中存在高应力集中的问题，优化后的零件结构如图 10-37 所示。因此，预计在今后几年里会有更多的 3D 打印零配件在更多的商用机上得到应用。

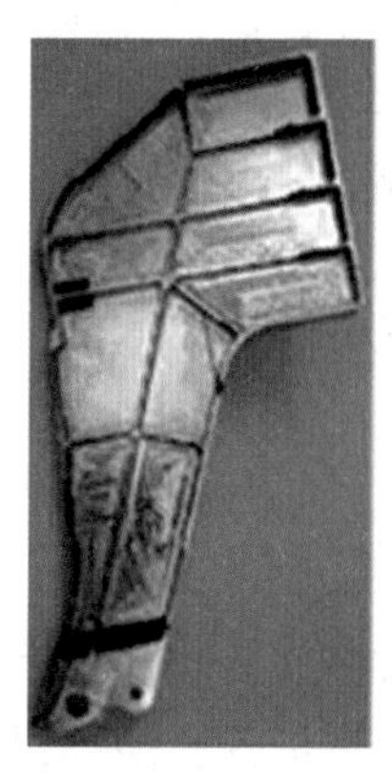

图 10-35　Sciaky 公司采用 EBF 技术生产的钛合金飞机零件

北京航空航天大学致力于钛合金、超高强度钢等关键构建激光成形工艺、装备、关键应用技术的研究，其研究的采用激光立体成形的大型钛合金结构件已经在我国多个军用飞机型号中获得应用。图 10-38 是利用激光熔融沉积技术成功制造出飞机钛合金大型复杂整体构件。西北工业大学凝固技术国家重点实验室成功研制系统集成完整，技术指标

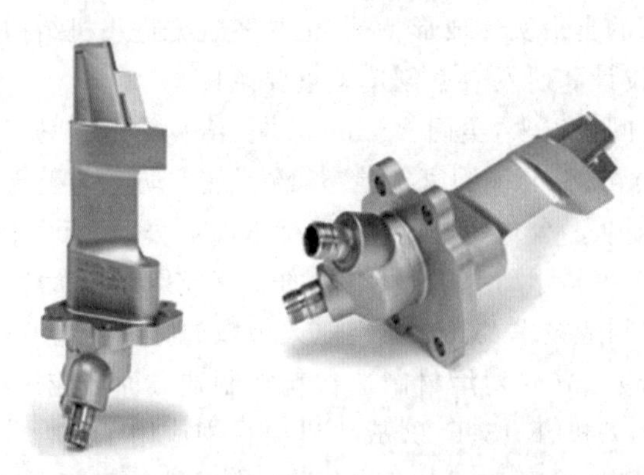

图 10-36　GE 公司采用 SLM 技术制造的 GE-9X 系列发动机传感器壳体

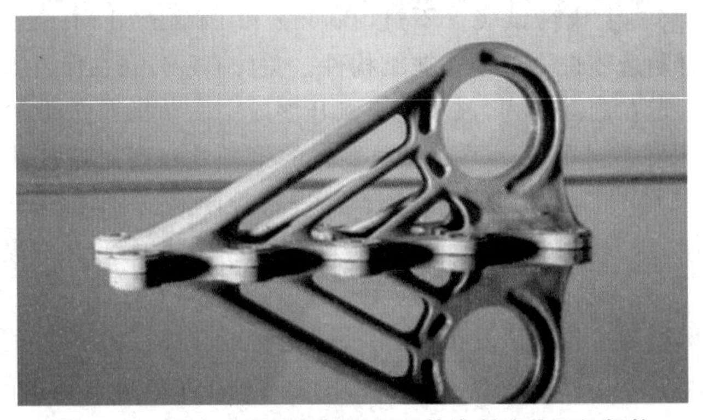

图 10-37　空客公司利用增材制造技术制造的飞机部件

先进的激光熔融沉积成形装备,为航空、商飞等企业提供了多种大型桁架类钛合金构件,并在多个型号飞机、航空发动机上获得了广泛的装机应用。图 10-39 是西北工业大学采用 LSF 制造技术为国产客机 C919 制造的长度超过 5m 的钛合金翼梁。另外,中航成飞与沈飞计划将在研制的第五代战斗机歼-20 和歼-31 中采用 3D 激光打印技术制造钛合金主体结构件,以期降低飞机的结构重量,提高其有效推重比。

除了直接制造航空零件,采用增材制造技术对航空零件进行快速修复外,将增材制造与传统加工手段相结合形成组合制造技术以提高零件的成形精度和效率也是目前航空制造领域的一个重要发展方向。

在快速修复方面,美国已将 LSF 技术用于飞机以及陆基和海基系统零部件的修复。国内,西北工业大学已将 LSF 技术用在多种型号飞机、航空发动机和航天飞行器等关键零件的修复。在组合制造方面,国内外都在探索将 LSF 或 EBF 技术与传统的铸造、锻造、机械加工和电加工相结合,以克服增材制造固有的精度与效率的矛盾,实现航空复杂构件的快速高精度制造。

增材制造技术作为一种兼顾精确成形和高性能成形需求的一体化制造技术,已经在航空制造领域显示了广阔和重要的应用前景。但是,相比于传统热加工和机械加工等技术,增材制造技术的技术成熟度还有很大差距。特别是增材制造专用材料开发的滞后,增

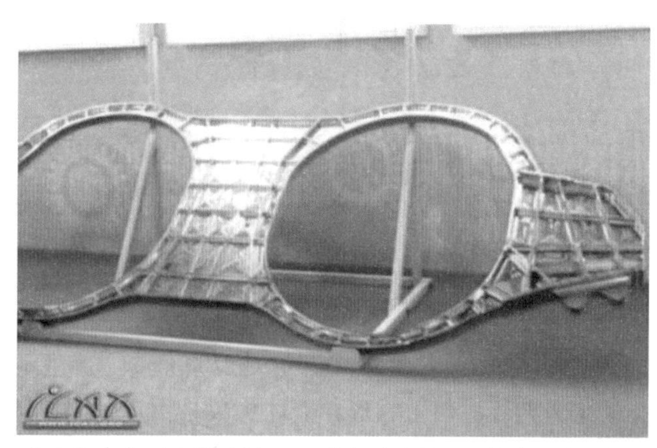

图 10-38　北京航空航天大学采用 LSF 技术制造的飞机钛合金大型复杂整体构件

图 10-39　西北工业大学采用 LSF 制造的 C919 大型客机中央翼肋缘条

材制造构件无损检测方法的不完善以及相关增材制造技术系统化标准的缺乏，在很大程度上制约了增材制造技术在航空领域的应用。这也意味着，对于增材制造技术，仍有大量的基础和应用研究工作有待进一步完善。

尽管如此，增材制造技术所具有的特征已在航空技术的发展中表现出明显的优势：①实现新型飞机和航空发动机的快速研发；②显著减轻零件结构重量；③显著节约昂贵的航空金属材料；④优化航空结构件的设计，显著提升航空构件的效能；⑤通过组合制造技术改造提升传统航空制造技术；⑥基于金属增材制造的高性能修复技术保证航空构件的全寿命期的质量与成本。

10.4　在艺术设计领域的应用

增材制造技术在降低成本、提高效率以及应对制造结构复杂的产品等方面具有明显的优势，可以在较短时间内将二维信息内容转化为形象、立体的三维实物模型，因此，它为艺术设计、创作以及应用带来了前所未有的影响和不可估量的前景。目前,增材制造技术已广泛应用于产品设计、雕塑、建筑、影视等艺术行业。

10.4.1 在产品设计中的应用

通过增材制造,设计师可以不考虑产品的复杂程度,仅专注于产品形态创意和功能创新,即所谓"设计即生产"。这改变了以往产品造型和结构设计的局限性,达到产品创新的目标,是传统产品设计、手板模型制作等流程难以企及的。

1. 个性化创意产品

人类富有无尽的想象力,但传统的制造方法将人类的创意局限在一定的范围内,3D打印技术真正拓展了人们在材料上和形状上的想象自由度,弥补了传统技术的缺憾,将人类的创意表现得淋漓尽致,如图10-40(a)所示的个性化花瓶。它是用石膏粉掺入粘结剂,注入打印喷头中,逐层打印出来的,产品成形后使用密封胶以确保耐用性和更多生动的颜色,3D打印使这种具有奇特造型的设计变成现实。图10-40(b)是利用3D打印技术创造出的美妙灯具,镂空灯罩具有良好的光漫反射性,为房间带来未来气息和奇幻氛围。图10-40(c)是利用SLS技术制作的炫酷吉他,吉他的外形充分体现设计者的创造力,也突出了这款吉他的艺术价值。

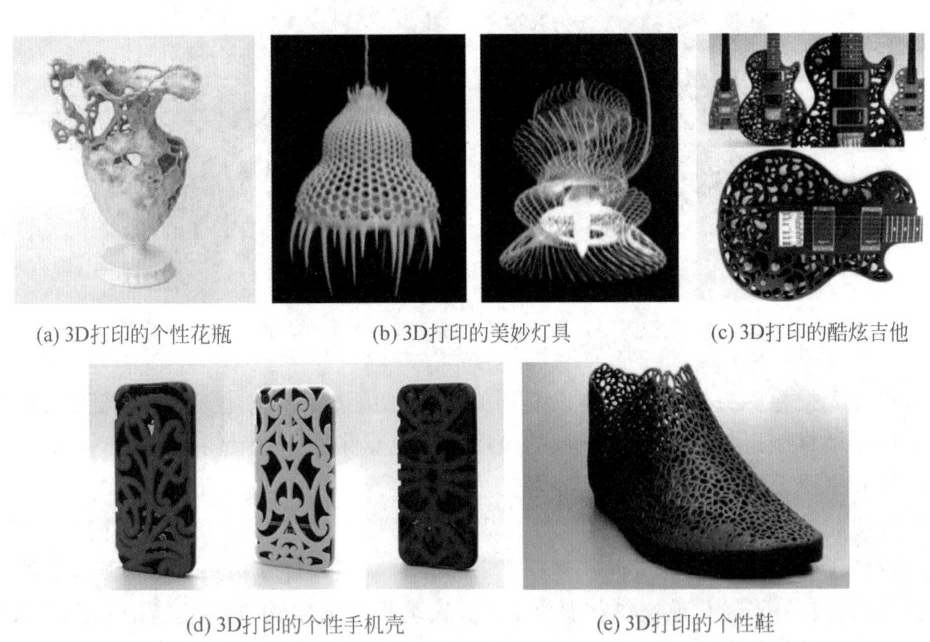

(a) 3D打印的个性花瓶　(b) 3D打印的美妙灯具　(c) 3D打印的酷炫吉他

(d) 3D打印的个性手机壳　(e) 3D打印的个性鞋

图10-40　3D打印在个性化创意产品中的应用

由于增材制造技术能够制造各种形状相对复杂的配件,所以模型设计师精心设计的各种样式的3D模型得以展现,其外形美观、经久耐用。图10-40(d)是Polychemy公司利用3D打印技术打印出了极具个性的手机壳。它用坚固有弹性的聚酰胺塑料,利用3D打印机打印出模板,之后经过雕刻而制成。这些3D打印的手机壳给人留下深刻的印象,不仅实用,且外形美观,充满时尚气息。

2013年，Earl Stewart利用精确的逆向工程技术制作了个性化的3D打印鞋，如图10-40(e)所示。每只鞋都用3D扫描仪扫描使用者的脚，以获得准确无误的尺寸，然后将这些数据传送到多种材料的3D打印设备中，将扫描数据转化成精密的物体，最终设计制造出灵活舒适的个性化鞋子。这不仅满足了设计师的要求，也满足了使用者的需求，充分体现了3D打印定制化、个性化、小批量生产精细产品的优势。

2. 家居制品

增材制造技术能够打破传统的造型理论，可以制作许多传统制造工艺很难制作或无法制作的家具。在巴黎制汇节上，Drawn公司用他们自己设计的加拉太亚3D打印机制造了巴比伦椅(the babylon chair)，如图10-41(a)所示。从外观来看，其表层质量非常均匀，而且每层都十分流畅和一致。逐层堆积形成的一圈圈纹路使家具的造型更加独特和美观，给我们带来视觉上强烈的冲击力。

(a) 3D打印的巴比伦椅

(b) 3D打印的细木工板护壁板

图10-41 3D打印在家居产品中的应用

意大利3D打印机制造公司Sharebot与意大利家具公司Nespoli结成合作伙伴，共同开发3D打印家具——细木工板护壁板的解决方案。首先对装图饰元素进行三维扫描，制作成可以任意缩放尺寸的三维模型，然后利用增材制造技术进行打印。图10-41(b)所示为Sharebot使用熔融纤维制造技术打印出的700mm×250mm×200mm高精度实物。这个项目使数字化制造和现代化产品完美结合，让3D打印制作细木工板护壁板这样的装饰性元素成为可能，让那些已有百年历史的传统技术更完善。

10.4.2 在雕刻创作中的应用

增材制造技术在雕刻艺术创作中的应用，能迅速把艺术家的艺术目的在空间中以雕塑语言意义上的团块和体积的形式表达出来，使艺术家的观念艺术形态得以实现，使艺术家关切的艺术作品的形式更加丰富和多样化。图10-42展示了芝加哥艺术家Joshua Harker 2014年在纽约3D打印展上亮相的部分镂空雕刻系列作品。

10.4.3 在建筑行业中的应用

增材制造技术在建筑领域的应用目前可分为两方面，一是在建筑设计阶段，主要是制作建筑模型；二是在工程施工阶段，主要是利用3D打印技术建造足尺建筑。

在建筑设计阶段，设计师们利用3D打印技术迅速还原虚拟中的各种设计模型，辅助

图 10-42 芝加哥艺术家 Joshua Harker 的 3D 打印镂空雕刻系列作品

完善初始设计的方案论证，这为充分发挥建筑师不拘一格、无与伦比的想象力提供广阔的平台。这种方法具有快速、环保、成本低、模型制作精美等特点。图 10-43 展示了几种以石膏粉为原料 3D 打印的建筑模型。图 10-44 展示了利用 3D 打印技术制作的德国“自由大学图书馆”建筑展示模型。

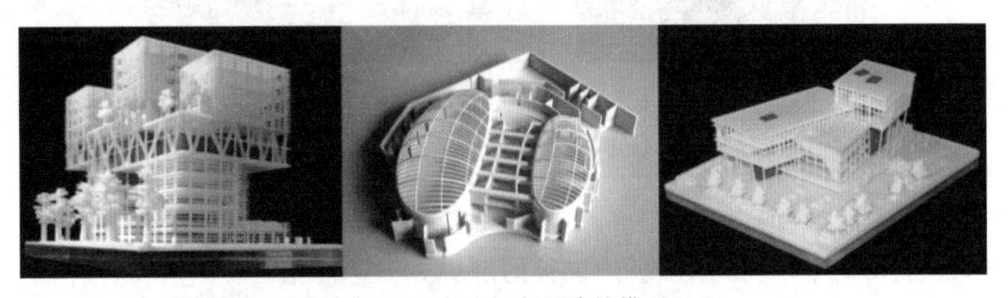

图 10-43 3D 打印的建筑模型

(a) 建筑展示模型

(b) 图书馆外观形貌图

图 10-44 德国“自由大学图书馆”

在工程施工阶段，3D 打印不仅是一种全新的建筑方式，更可能是一种颠覆传统的建筑模式。与传统建筑技术相比，3D 打印建筑的优势主要体现在以下方面：更快的打印速度，更高的建筑效率；不再需要使用模板，可以大幅节约成本；更加绿色环保，减少建筑垃圾和建筑粉尘，降低噪声污染；减少建筑工人数量，降低工人的劳动强度；节省建筑材料的同时,内部结构还可以根据需求运用声学、力学等原理做到最优化;可以给建筑设计师更广阔的设计空间,突破现行的设计理念,设计打印出传统建筑技术无法完成的复杂形状的建筑。2014 年 8 月 21 日,苏州的盈创公司使用一台巨大的 3D 打印机,采用特殊的"油墨"进行打印,用 24h 建造了 10 栋 200m^2 的毛坯房(见图 10-45),展示了 3D 技术在建筑行业的强大功能。

(a) 1栋建筑

(b) 10栋建筑全貌图

图 10-45 盈创公司 3D 打印的足尺建筑

10.4.4 在影视产业中的应用

影视业很早就已经引入了 3D 打印技术来进行道具的设计和制造。图 10-46(a)展示了 Legacy Effects 特效公司使用 Objet 公司的 3D 打印机制作的 1∶5 大小的《铁甲钢拳》中机器人的模型。图 10-46(b)展示了在影片《十二生肖》中,利用 3D 打印技术快速制造的1∶1 兽首模型。

(a) 3D打印的《铁甲钢拳》中机器人的模型

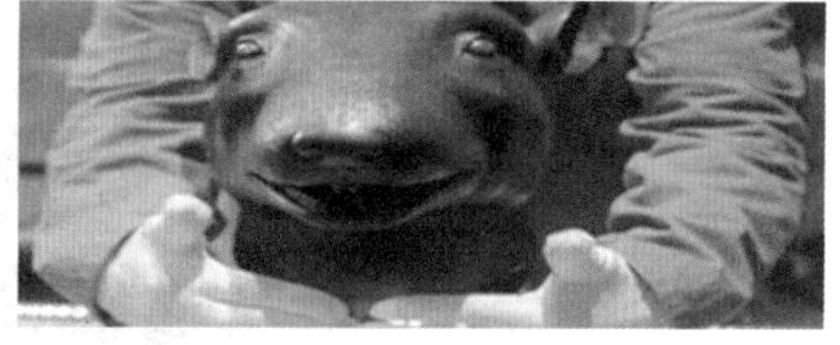

(b) 3D打印的兽首模型

图 10-46 3D 打印在影视产业中的应用

10.5 在教育行业中的应用

在教育行业中,3D 打印技术其实可以发挥非常大的作用,因为教师在教学的过程中,经常需要将抽象的事物具象化,如果教师可以通过 3D 打印技术将其所期望呈现的事物或画面以三维立体的形式呈现出来,能够有效地帮助学生提升对这些知识内容的理解水平。学生在学习的过程中,也会感到更有趣味性。另外,这种 3D 打印技术还能够帮助教师制作一些用于激励学生学习的小奖品,这样可以极大地节约成本,还能通过这种新颖的方式让奖品对学生具有更大的吸引力,学生学习的积极性也会更高。因此,在 3D 打印技术未来的发展中,应当努力设计出能够供教师操作打印的设备,并且为教师提供3D打印技术的培训,在教学的过程中应用该技术提升学生的学习兴趣和学习效率。

10.6 在其他领域的应用

1. 汽车制造领域

现今中国汽车行业市场广阔,但面临的竞争也相当激烈。对生产者来说,如何提高生产效率,加快产品更新换代的速度,保证汽车环保和安全舒适等是汽车从设计到生产、销售等所有环节必须考虑的内容。对于汽车维修行业,快速高效可靠地修复汽车出现的故障问题是生存的根本,然而一些高端车、进口车由于渠道等问题造成配件供应短缺,车辆不能及时修复,而且价格昂贵,给进口车辆的使用者带来很多麻烦。3D打印技术的出现在一定程度上可以解决上述问题,也将给汽车产业带来巨大变革。同时,3D打印技术的出现为现代汽车工业带来一种新的生产方式。2013年2月,世界首款全3D打印汽车Urbee 2混合动力面世,如图10-47所示,它的全部零部件来自3D打印,整个打印过程仅持续2500h。

图10-47 3D打印混合动力汽车及汽车零部件

汽车生产中使用3D打印技术比使用传统生产工艺具有颇多优势。

(1) 加快新车型的研发速度。设计者在开发新车型时可以在原有汽车的相关技术数据的基础上重新设计,然后利用3D打印技术快速实现零件的单件生产,而不需要借助任何刀具、模具及工装夹具。这样省去了模具的开发制造,减少加工工序,缩短研发周期,提高了研发效率。例如,Local Motors公司利用3D打印技术开发一款新车型仅需4个月,花费约300万美元,相比之下,通用的新车开发一般需要花费6年,约65亿美元成本就显得过于漫长和浪费。

(2) 3D打印的汽车具有更低的油耗,更加环保。3D打印技术生产出来的汽车之所以环保,是由于塑料代替原有的大部分金属材料可以使汽车整车质量大幅度下降,燃油利用率提高。Urbee 2混合动力汽车每升汽油可以维持汽车城市公路运行68千米,主要原因就是这款汽车的质量较轻。

(3) 根据顾客需求量身定制汽车。基于3D打印技术数字化生产模式,汽车将不只是在每款新的车型推出时才会有所变化,而是可以使每个人的汽车都与众不同,每一辆汽车都可以根据顾客需要量身定制,充分满足人们的个性化需求。

(4) 降低生产成本。使用3D打印技术制造的汽车将大大降低制造成本,包括技术研发成本、材料成本,人工成本,管理成本等。

3D打印技术比传统生产方式要更有竞争力,未来前景广阔。但也有一些因素制约3D打印技术在汽车制造领域的普及。第一,3D打印技术直接生产产品的精度不高与速度不快,这也是3D打印技术大规模应用于数字化制造的两个主要缺点。第二,目前应用3D打印技术的设备和耗材价格居高不下。第三,3D打印技术的专用原料的技术落后,种类较少。但随着技术壁垒的不断被打破,技术的局限性不断减少,精度、速度不断提高,设备价格下降,3D打印技术将逐渐更多更有效地与传统生产工艺融合,在汽车生产中发挥更大的效能。

2. 考古文物

3D打印技术除了在工业、艺术领域有广泛的应用,在考古领域也为考古学家提供全新的研究方式。通过立体扫描、粉末叠加来复原文物、修复残片,减轻了考古人员的工作压力,提高了考古人员的工作效率。图10-48(a)展示了哈佛大学闪族博物馆考古专家用3D打印机和3D扫描软件,成功恢复了一个在3000年前被打碎的瓷器狮子。他们拍摄了瓷器的碎片,并对碎片制作3D模拟图,然后将其整合,做出了原物的3D模拟图,再将模拟图与同地发现的完整物品进行比对,将缺失部分以及支持结构打印出来。另外,博物馆常常会用替代品来保护原始作品不受环境或意外事件的伤害。图10-48(b)所示是陕西历史博物馆3D打印的长为11cm、高为11.5cm的国宝文物“金怪兽”。通过3D打印出来的复制品和文物原件几乎一模一样。

3. 配件饰品

3D打印丰富了加工首饰的材料种类,也增加了设计师的设计工具,促使设计师积极探索新的设计元素,使服饰、珠宝、首饰等的设计进入一个新的发展阶段。基于网络的数据下载、电子商务的个性化打印定制服务,目前已经有一些公司在为顾客提供3D打印首饰服务,如图10-49所示。2015年第三届亚洲3D打印展览会首日就举办了一场亚洲3D

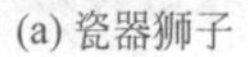

(a) 瓷器狮子

(b) 金怪兽

图 10-48　3D 打印的文物

打印时装秀，如图 10-50 所示，本次时装秀共展示 23 件 3D 打印服装配饰，服饰潮流与 3D 打印科技的激情碰撞，擦出无限火花，也把本届亚洲 3D 打印展推向高潮。

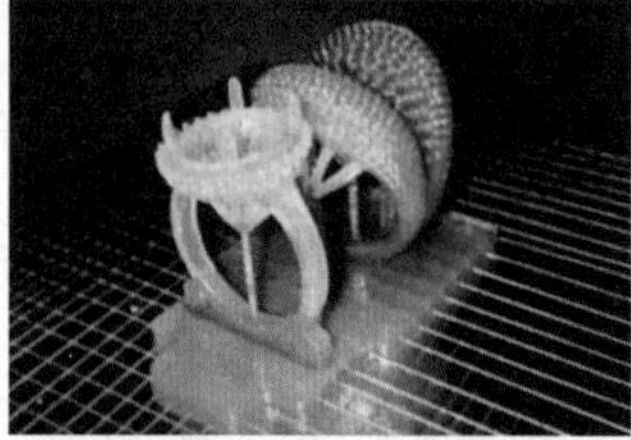

图 10-49　3D 打印的珠宝首饰

图 10-50　亚洲 3D 打印时装秀

4. 食品产业

美食爱好者已经尝试用 3D 打印机打印巧克力和曲奇饼干，如图 10-51 所示。营养师考虑根据个人的基础代谢量和每天的活动量利用 3D 打印机打印每日所需的食物，以此来控制肥胖、糖尿病等问题。为了解决老年人吞咽困难等问题，欧盟的 14 个国家利用 3 年时间并花费大约 300 万欧元，使用 3D 打印技术设计出一套整体的、自动化和个性化的 Foodjet 3D 食物打印机。使用这种食物打印机，科学家已经能够模仿老年人的口味重新创建经典美食，包括豌豆和汤圆等，如图 10-52 所示。这种 3D 打印食品不仅味道好，而且质地更软，容易吞下，另外，每餐可以通过算法优化，向不同的老人提供其所需的营养成分。

图 10-51 3D 打印的曲奇饼干和巧克力

图 10-52 3D 打印的经典美食

目前,3D 打印技术的蓬勃发展,打印方式的日益多样化,打印设备的精度不断提高,3D 打印技术已经进入珠宝、科研、教育、工业设计、汽车在交通运输、航空航天、建筑以及其他领域,未来可在工业装备和医疗设备方面极大地运用和拓展,但是也仅仅适用于个别零件的替代、维修和模型的展示作用,还无法真正大规模工业生产。随着全球各个国家政府意识到 3D 打印技术的重要性,并出台了相应的扶植政策,3D 打印技术势必会高速发展,走进千家万户,丰富和提高人们的生活水平与质量。

思考与练习

1. 通过网络、图书馆等途径,查阅增材制造(3D 打印)技术在快速模具、生物医学、航空航天、汽车等领域的国内外最新研究进展和应用。

2. 什么是快速模具制造技术? 该技术有何特点?

3. 简述硅橡胶模具的制作方法及注意事项。

4. 简述电弧喷涂快速模具制造的工艺流程。

5. 简述金属树脂模具浇注成形工艺流程。

CHAPTER 11

增材制造技术的发展历史与发展趋势

本章重点

1. 了解增材制造技术发展历史。
2. 熟悉增材制造技术发展现状。
3. 分析和掌握制约增材制造技术发展与应用的瓶颈。
4. 熟悉增材制造技术的发展目标。
5. 掌握增材制造技术的发展方向。
6. 掌握增材制造技术的发展趋势。

本章难点

1. 制约增材制造技术发展与应用的瓶颈分析。
2. 增材制造技术的发展方向。
3. 增材制造技术的发展趋势。

增材制造技术是在数字三维模型的基础上进行的增材制造，作为新兴的快速成型技术，被视为第三次工业革命的开端。增材制造技术是一种科技融介体模型中最新的高“维度”体现，因此在本世纪初中国物联网校企联盟称它为“上上个世纪的思想，上个世纪的技术，这个世纪的市场”。

11.1 增材制造技术发展历史

11.1.1 国外增材制造技术的发展历史

1892—1988 年属于初期阶段。从历史上看，很早以前就有“材料叠加”的制造设想，1892 年，J.E.Blanther 在他的美国专利（＃473901）中，曾建议用分层制造法构成地形图。这种方法的原理是，将地形图的轮廓线压印在一系列的蜡片上，然后按轮廓线切割蜡片，并将其粘结在一起，熨平表面，从而得到三维地形图。1902 年，Carlo Baese 在他的美国专利(#774549)中提出了用光敏聚合物制造塑料件的原理，这是现代第一种增材制造技术——立体平板印刷术(stereo lithogrphy)的初步设想。1940 年，Perera 提出了在硬纸板上切割轮廓线，然后将这些纸板粘结成三维地形图的方法。20 世纪 50 年代之后，出现了几百个有关增材制造技术的专利，其中 Paul L Dimatteo 在他 1976 年的美国专利(#3932923)中，进一步明确地提出：先用轮廓跟踪器将三维物体转变成许多二维廓薄片(见图 11-1)，然后用激光切割这些薄片成形，再用螺钉、销钉等将一系列薄片连接成三维物体。

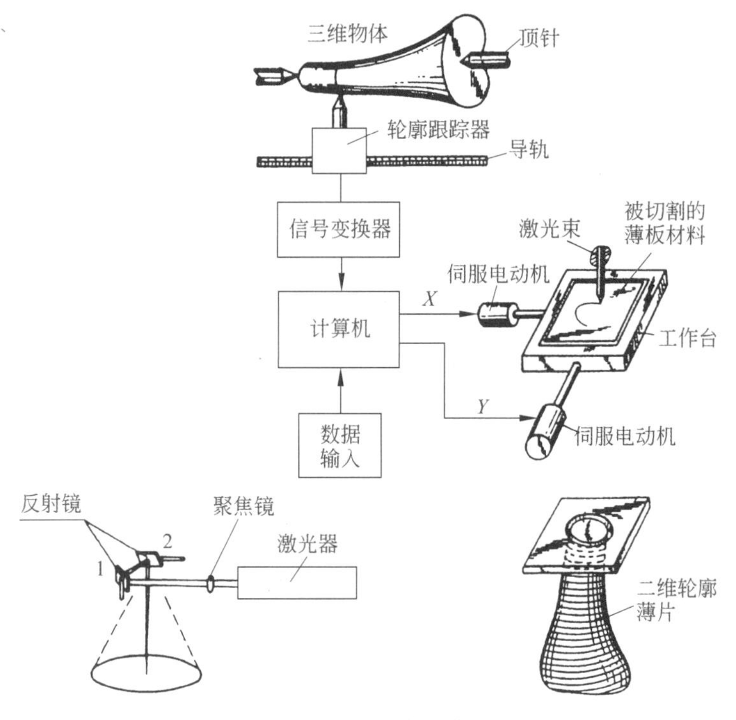

图 11-1 Paul 的分层成形法

1986 迈克尔·费金(Michael Feygin)研制成功分层实体制造(laminated object manufacturing，LOM)，如图 11-2 所示为 LOM 的工作示意图，工作原理是根据零件分层几何信息切割箔材和纸等，将所获得的层片粘结成三维实体。其工艺过程是首先铺上一层箔材，如纸、塑料薄膜等，然后用激光在计算机控制下切出本层轮廓，非零件部分全部切碎以便于去除。当本层完成后，再铺上一层箔材，用滚子碾压并加热，以固化粘结剂，使新铺上的一层牢固地粘结在已成形体上，再切割该层的轮廓，如此反复直到加工完毕，最后去除切碎部分以得到完整的零件。具有工作可靠、模型支撑性好、成本低、效率高的优点。但是前、后处理费时费力，且不能制造中空结构件。由于该工艺材料仅限于纸或塑料薄膜，性能一直没有提高，因而逐渐走入没落。

1988—1990 年属于快速原型技术的阶段。1988 年，美国 3D Systems 公司推出世界上第一台商用快速成型机——立体光刻 SLA-1(SLA-stereo lithography apparatus)机,成为现代增材制造的标志性事件。其原理如图 11-3 所示,快速原型阶段开发了多种增材制造技术。

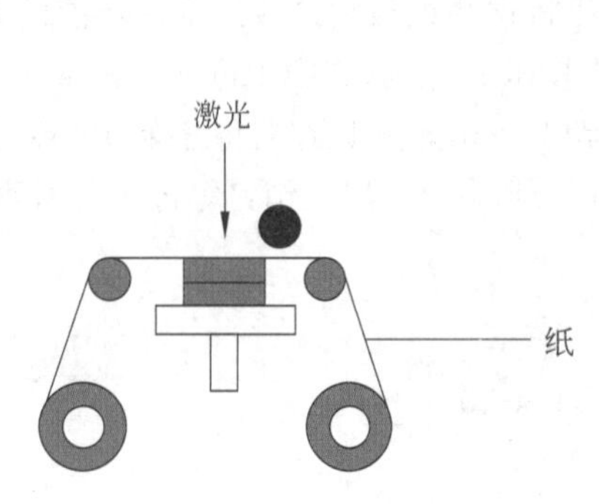

图 11-2 LOM 的工作示意图

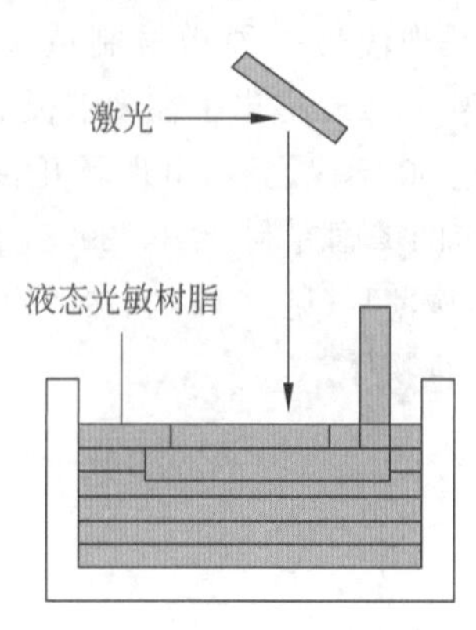

图 11-3 SLA 示意图

伊曼纽尔·萨发明三维打印(3DP)工艺,将零件的截面"印刷"在材料粉末上面,如图 11-4 所示。

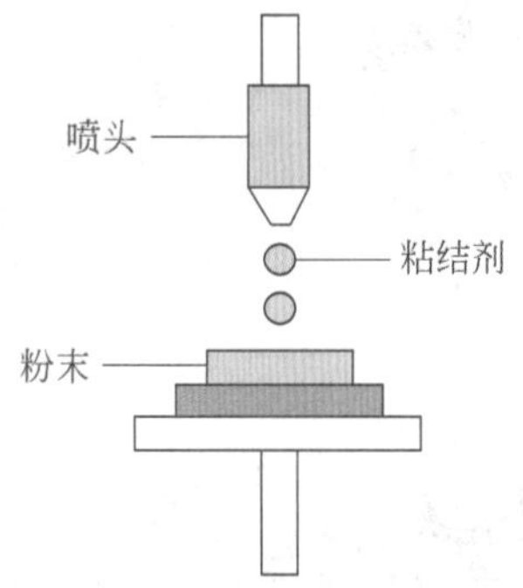

图 11-4 3DP 示意图

1989 年美国得克萨斯大学奥斯汀分校提出选择性激光选区烧结(selected laser sintering,SLS),如图 11-5 所示为工作示意图。该工艺常用的成形材料有金属、陶瓷、ABS 塑料等粉末。其工艺过程是先在工作台上铺上一层粉末,在计算机控制下用激光束有选择地进行烧结,被烧结部分便固化在一起构成零件的实心部分。一层完成后再进行下一层,新一层与其上一层被牢牢地烧结在一起。全部烧结完成后,去除多余的粉末,便得到烧结成的零件。该工艺的特点是材料适应面广,不仅能制造塑料零件,还能制造陶瓷、金属、蜡等材料的零件。选区激光烧结技术(SLS)通过计算机将 3D 模型处理成薄层切片数据,切片图形数据传输给激光控制系统。激光按照切片图形数据进行图形扫描并烧结,形成产品的一层层形貌。SLS 技术成形件强度接近相应的注塑成形件的强度。

1988 年,美国 Stratasys 公司首次提出熔融沉积成形(fused deposition modeling,FDM),图 11-6 所示为工作示意图。熔融沉积成形也有研究者称为熔融挤出成形。工艺过程是以热塑性成形材料丝为材料,材料丝通过加热器的挤压头熔化为液体,由计算机控制挤压头沿零件的每一截面的轮廓准确运动,使熔化的热塑性材料丝通过喷嘴挤出,覆盖于已建造的零件之上,并在极短的时间内迅速凝固,形成一层材料;然后挤压头沿轴向向上运动一微小距离进行下一层材料的建造,这样由底到顶逐层堆积成一个实体模型或零件。该工艺的特点是使用、维护简单,制造成本低,速度快,一般复杂程度原型仅需要几个小时即可成形,且无污染。

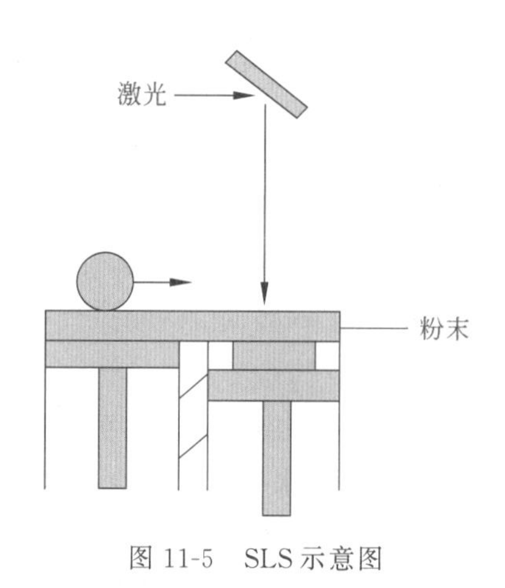

图 11-5 SLS 示意图

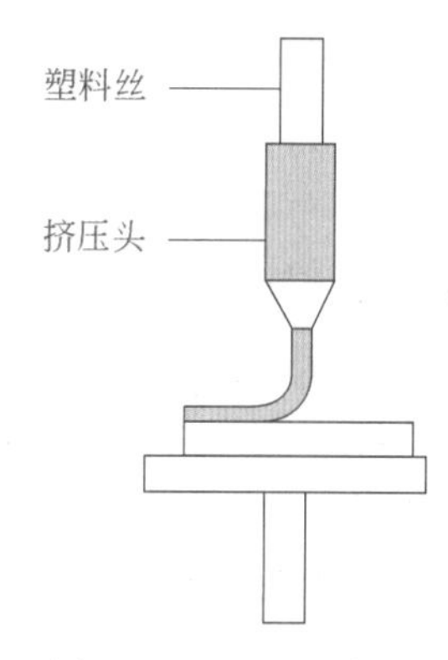

图 11-6 FDM 示意图

美国 Sandier 国立实验室将选择性激光烧结工艺和激光熔覆工艺(laser cladding)相结合提出激光工程化净成形(laser engineered net shaping,LENS)。

激光熔覆工艺是利用高能密度激光束将具有不同成分、性能的合金与基材表面快速熔化,在基材表面形成与基材具有完全不同成分和性能的合金层的快速凝固过程。激光工程化净成形工艺既保持了选择性激光烧结技术成形零件的优点,又克服了其成形零件密度低、性能差的缺点。

1990 年到现在为直接增材制造阶段。主要实现了金属材料的成形,分为同步材料送进成形(LSF)和粉末床选区熔化成形(SLM)。

2013 年 2 月美国麻省理工学院成功研发四维打印技术(four dimensional printing,4DP),俗称 4D 打印,是无需打印机器就能让材料增材制造的革命性新技术。在原来的 3D 打印基础上增加第四维度——时间。可预先构建模型和时间,按照产品的设计自动变形成相应的形状。关键材料是记忆合金。四维打印具备更大的发展前景。2013 年 2 月美国康奈尔大学打印出可造人体器官。

11.1.2 国内增材制造技术的发展历史

我国自 20 世纪 90 年代初,在科技部等多部门持续支持下,在西安交通大学、华中科技大学、清华大学、北京隆源公司等,在典型的成形设备、软件、材料等方面研究和产业化方面获得了重大进展。随后国内许多高校和研究机构也开展了相关研究,如西北工业大学、北京航空航天大学、华南理工大学、南京航空航天大学、上海交通大学、大连理工大学、中北大学、中国工程物理研究院等单位都在做探索性的研究和应用工作。我国研发出了一批增材制造装备,在典型成形设备、软件、材料等方面研究和产业化方面获得了重大进展,到 2000 年初步实现的设备产业化,接近国外产品水平,改变了该类设备早期依赖进口的局面。在国家和地方的支持下,在全国建立了 20 多个服务中心,设备用户遍布医疗、航空航天、汽车、军工、模具、电子电器、造船等行业,推动了我国制造技术的发展。近五年国内增材制造市场发展不大,主要还在工业领域应用,没有在消费品领域形成快速发展的市场。另一方面,研发方面投入不足,在产业化技术发展和应用方面落后于美国和欧洲。

近五年来,增材制造技术在美国取得了快速的发展。主要的引领要素是低成本3D打印设备社会化应用和金属零件直接制造技术在工业界的应用。我国金属零件直接制造技术也有达到国际领先水平的研究与应用。例如,北京航空航天大学、西北工业大学和北京航空制造技术研究所制造出大尺寸金属零件,并应用在新型飞机研制过程中,显著提高了飞机研制速度。

在技术研发方面,我国增材制造装备的部分技术水平与国外先进水平相当,但在关键器件、成形材料、智能化控制和应用范围等方面较国外先进水平落后。我国增材制造技术主要应用于模型制作,在高性能终端零部件直接制造方面还具有非常大的提升空间。例如,在增材的基础理论与成形微观机理研究方面,我国在一些局部点上开展了相关研究,但国外的研究更基础、系统和深入;在工艺技术研究方面,国外是基于理论基础的工艺控制,而我国则更多依赖于经验和反复的试验验证,导致我国增材制造工艺关键技术整体上落后于国外先进水平;材料的基础研究、材料的制备工艺以及产业化方面与国外相比存在相当大的差距;部分增材制造工艺装备国内都有研制,但在智能化程度上与国外先进水平相比还有差距;我国大部分增材制造装备的核心元器件还主要依靠进口。

11.2 增材制造技术的发展现状

自增材制造技术诞生以来,其与制造业的结合就十分紧密。近年来国家加大政策扶持,推进我国增材制造产业健康有序发展,技术研发水平快速提升。下面基于科技情报分析工具,对增材制造技术的论文信息、专利信息进行说明。

11.2.1 3D打印论文信息分析

利用智立方·知识资源服务平台,以"3D打印"或"增材制造"作为题名或关键词搜索2000—2019年的期刊文章、学位论文、会议论文,共搜到期刊文章6368篇、会议论文749篇、学位论文382篇。

1. 发文量和被引量分析

由图11-7可以看出,3D打印在我国是一门新兴学科。在2013年以前,国内每年发表关于3D打印的论文只有零星几篇,甚至在2002—2009年及2011年,无人发表相关论文。从2013年起,我国3D打印论文发表数量每年都呈现爆发式增长,在短短7年时间里,年论文发表量由2012年的5篇增长至2019年的1931篇。

2. 3D打印涉及的主要学科分析

由表11-1可以看出,目前国内关于3D打印的研究主要集中在自动化与计算机技术、医药卫生、机械工程、金属学及工艺4个领域,其中自动化与计算机技术、医药卫生是重点研究领域,发文量分别为1801篇、1447篇,两者合计超过3D论文总发文量的40%。

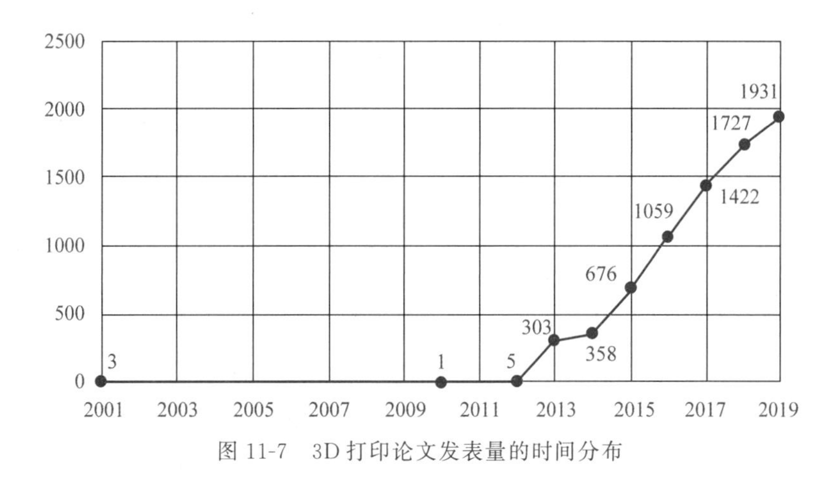

图 11-7 3D 打印论文发表量的时间分布

表 11-1 3D 打印涉及的主要学科

排名	领　域	发文量/篇	主要研究主题
1	自动化与计算机技术	1801	计算机、计算机网络、数据库、网络安全、网络
2	医药卫生	1447	护理、疗效观察、疗效、儿童、糖尿病
3	金属学及工艺	755	力学性能、数控机床、铝合金、数值模拟、显微组织
4	机械工程	753	汽车、发动机、轿车、故障诊断、车型
5	文化科学	629	教学、高校、语文学习、大学生、小学生
6	一般工业技术	503	复合材判、力学性能、性能研究、数码相机、纳米材料
7	化学工程	479	催化剂、生产工艺、性能研究、改性、水泥
8	经济管理	418	企业、企业管理、经济发展、中小企业、可持续发展
9	轻工技术与工程	235	食品、食品安全、菜谱、生产工艺、服装
10	建筑科学	182	建筑工程、施工技术、建筑、混凝土、建筑设计

3. 3D 打印研究的发文机构分析

在发文机构方面，发文量排在前十的机构全部是高校，如表 11-2 所示，说明我国关于 3D 打印的研究主要集中在高校。其中西安交通大学的发文量最高，达到了 120 篇，其研究的方向以金属学及工艺、经济管理领域为主。排名前十的发文机构中，有 9 家机构的研究涉及金属学及工艺领域，1 家机构的研究涉及医药卫生领域，2 家机构的研究涉及一般工业技术领域，2 家机构的研究涉及机械工程领域，5 家机构的研究涉及经济管理领域。

表 11-2 国内 3D 打印发文前十机构

排名	发文机构	发文量/篇	研究主题
1	西安交通大学	120	数值模拟、企业、实证研究、电力系统、影响因素
2	华中科技大学	100	数值模拟、实证研究、电力系统仿真、遗传算法

续表

排名	发文机构	发文量/篇	研究主题
3	华南理工大学	91	性能研究、数值模拟、力学性能、改性、复合材料
4	南方医科大学	86	影响因素、小鼠、护理、预后、腹腔镜
5	北京工业大学	74	数值模拟、性能研究、抗震性能、有限元分析、软件开发
6	大连理工大学	69	数值模拟、性能研究、有限元、有限元分析、混凝土
7	清华大学	64	数值模拟、电力系统、企业、高校、有限元
8	浙江大学	55	数值模拟、高校、水稻、影响因素、实证研究
9	武汉理工大学	52	性能研究、数值模拟、高校、船舶、汽车
10	吉林大学	51	汽车、影响因素、高校、数值模拟、大学生

11.2.2 3D打印产业专利信息分析

3D打印专利的萌芽期始于2007年，自2012年专利申请量开始有质的飞跃，从此3D打印的概念走近大众视野。

1. 全球3D打印技术竞争态势

在全球范围内3D打印专利主要集中在中国、美国、欧洲、日本、韩国这几个国家和地区。其中，中国的专利数量位居全球第一。但从专利优先权国家分析表明，美国则是以47.06%的绝对先发优势成为数量申请最多的国家，且拥有最多高质量专利。欧洲专利局(含德国)在3D打印材料及设备两个领域非常突出，以14.08%的优势占到优先权国别排名的第二名。中国以12.18%排名第三位。从全球3D打印专利总体格局上来看，美国主导，欧洲协同的局面还在持续，目前中国的厚积薄发已经超越了具有传统技术优势，尤其是在打印喷头和设备零部件具有优先权的韩国和日本。但不得不承认，美国和欧洲还是3D打印主要的研发力量，中国要在创新性和专利质量方面加紧追赶，如图11-8所示。

2. 中国3D打印技术发展态势

(1) 中国3D打印产业发展格局

我国的3D打印技术起源于20世纪90年代，专利申请量自2012年有明显增长的趋势，此后呈现不断扩大、不断深化的发展态势。广东、江苏、浙江、北京、上海等地区产业发展较为突出。我国3D打印产业发展呈现产业集聚现象，主要呈现的发展格局是北京作为核心的环渤海地区、广东作为核心的珠三角地区、浙江作为核心的长三角地区，中西部地区(如陕西省、湖北省)作为纽带，如图11-9所示。

在这些产业发展较快的省市中，广东地区专利的申请量排名第一，且企业是专利申请的第一主体。广东省拥有较完整的3D打印产业链，且在每个环节都集聚了一些龙头企业，尤其在设计、工业、生物医疗、文化创意等下游的应用领域中有明显优势。所以珠三角地区是3D打印应用服务的高地。长三角地区具有良好的地理位置及经济优势，除此之外，浙江、上海等地的科技创新也为这个地区的3D打印发展带来技术支持，所以该区域的3D打印产业布局相对完善，已初步形成了材料、设备和服务的全3D打印产业链。

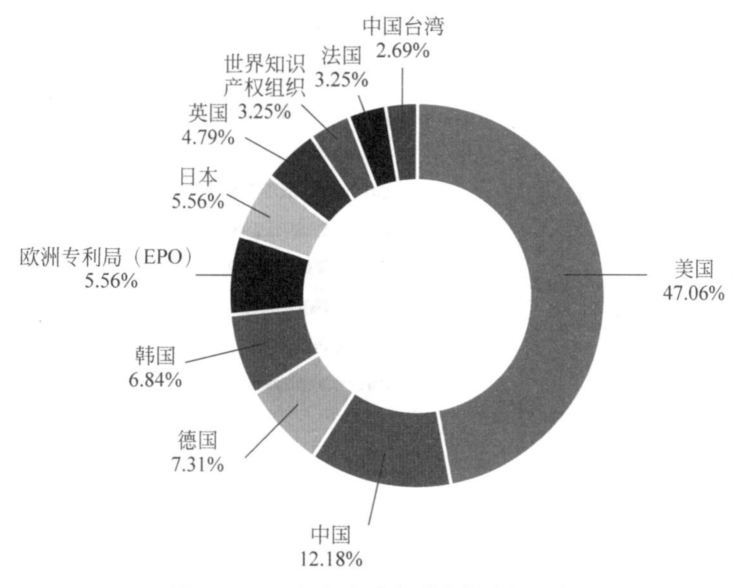

图 11-8 3D 打印全球专利的优先权国家

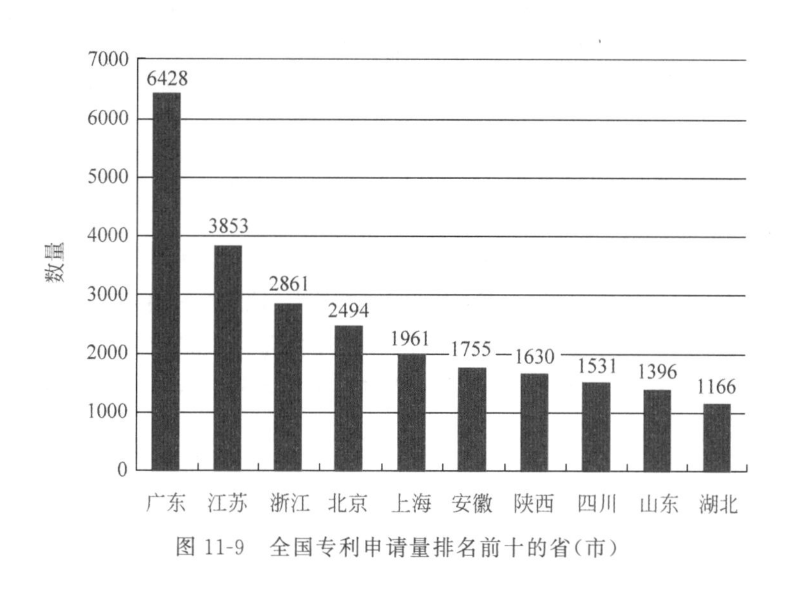

图 11-9 全国专利申请量排名前十的省(市)

(2) 中国 3D 打印产业发展现状

从全国专利申请人排名来看,前十名中有七名来自高校,如图 11-10 所示。可见我国的 3D 打印是以高校和科研机构为主的。其中排名前三位的申请人分别是西安交通大学、华南理工大学和华中科技大学。这些高校的研发力量使得 3D 打印技术不断突破,使得我国的 3D 打印方案不断落地。

我国的 3D 打印企业核心和起源是校办企业。例如,3D 打印领军企业陕西恒通智能机器有限公司是以西安交大先进制造技术研究所为技术支持;国内工业级金属 3D 打印技术企业广州雷佳增材科技有限公司是由华南理工大学杨永强研发团队组成的;国内最

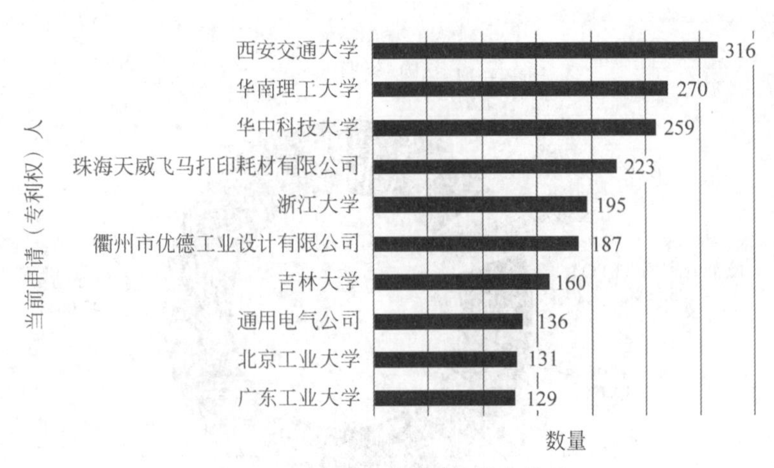

图 11-10　全国专利申请人排名情况

早从事 3D 打印技术自主研发单位之一的武汉滨湖机电产业有限公司是由华中科技大学原校长黄树槐教授创建；北京殷华激光快速成形与模型技术有限公司则是由颜永年团队成立，依托清华大学激光快速成形中心。除上述列举的企业，还有很多类似依托高校研发团队的企业。可见中国 3D 打印技术的研发实力大部分掌握在高校和科研院所中。

11.3　增材制造技术的发展瓶颈

尽管增材制造技术发展了将近 40 年，但目前仍处于不太成熟的阶段。因此，认识此项技术所面临的瓶颈已经成为此领域人们最为关注的问题之一，也是快速推进此项先进制造技术发展的需要。下面将详细分析 5 个主要瓶颈所涉及的技术创新需求，通过宏观框架的建立和中观层面上的分析，明确未来增材制造的发展方向和所需的关键技术，进而理清产品和技术之间的相互关系。

11.3.1　生产成本过高

1. 原材料价格过于昂贵

针对大规模零部件生产，增材制造所用的材料价格都过于昂贵，这显著地提高了零部件制造的整体成本。例如对金属粉末来说，3D 打印纯钛和钛合金价格约为 340～880 美元/kg，远高于传统工艺用原材料价格。而对于光敏树脂和塑料等高分子材料来说，增材制造工艺专用材料也是传统工艺原材料价格的几十倍。注射成形塑料的价格仅为 2～3 美元/kg，而大多数 3D 打印光敏树脂和塑料的价格为 175～250 美元/kg。过高的原材料成本导致增材制造零部件的生产成本过高，也使得原材料费用成为决定最终制品生产成本的主要因素。

2. 生产速度过于缓慢

目前，增材制造的批量生产速度还很缓慢，导致机器和厂房的折旧率很高。这样的生产速度只可满足如口腔植入物等小型产品的个性化生产。但对于大多数应用领域来说，需要提高现有的生产效率来满足商业化要求。例如，对于粉末床熔合工艺，金属基制件的扫描速度和材料处理能力需要提高到现有速度的4～10倍，才能实现大规模应用。

3. 生产能力受到机器尺寸的限制

增材制造用于终端产品制造的比例已经超过20%。目前，受到机器设备尺寸的限制，增材制造技术可制造的部件尺寸及批次生产能力都很有限。特别是对于粉末床工艺，还不能实现更加经济的批量化制造。因此，为了推进增材制造在大型构件方面的应用，如航空航天领域，还需要大幅度提升设备的加工尺寸及批次处理能力。

4. 设备的投资成本较高

虽然近期增材制造设备的价格有了大幅度下降，但对于商业化产品生产来说，投资依然较高。机器的产出能力和产品的售价相比，仍然不具备吸引力。除某些使用昂贵材料生产的产品外，设备的价格还需要进一步下降以满足大规模生产的需要。

5. 对某些行业来说准入门槛较高

对于航空航天及医疗器械等一些高度监管的领域来说，新的工艺技术及产品往往需要进行非常严格的考核，以达到工业标准的要求。这势必导致更漫长的研发周期、更高的产品开发成本及更长的检测及认证时间，延缓了增材制造向这些领域的渗透速度，影响了中小企业特别是一些新兴创新企业向此类市场推广产品的能力。

11.3.2 可选用的材料有限

1. 可打印材料偏少，难以满足需求

与传统的制造技术相比，增材制造目前可选用的材料还相对较少。可打印的高分子材料主要为ABS(ABS是丙烯腈、丁二烯和苯乙烯的三元共聚物，A代表丙烯腈，B代表丁二烯，S代表苯乙烯)、聚乳酸、丙烯酸树脂、环氧树脂、尼龙和聚醚醚酮等；金属材料主要为不锈钢、铝合金、钴铬合金、铬镍铁合金、钛合金及金银等，加上其他可打印材料，预计总数不超过30种。即使掌握打印材料最多的Stratasys公司也仅有20多种单体材料，混合后达到140种材料，这与各应用领域成千上万种类的材料需求相比，远远不能满足需求。

2. 现用材料缺乏优化

区别于传统材料，增材制造对材料的性能和适用性的要求更高。材料需要可以熔化，打印后可成形，并在加工前后保持稳定，以满足连续生产的需求。目前所用材料大多是根据传统制造工艺或设备厂商针对各自设备特点定制的，没有专门针对增才制造进行材料设计，导致现用材料的通用性差，工艺对材料依赖性明显，产品成形后的精度和强度不能满足要求。

3. 材料的性能需要提升

对高分子增材制造产品来说，现有材料的强度和耐候性不足，这是由于材料的抗吸湿性和抗紫外线能力不足导致。对于创意产业来说，如果一个艺术品需要花费几千英镑制造，而其保质期只有几个月，这将是无法接受的；而对于金属材料来说，要想实现增材制造产品对现有铸造、锻造金属产品的替代，需要提高材料的力学性能，达到铸造、锻造金属产品的标准。

4. 可选的色彩很有限

增材制造可实现的色彩很有限,这对创意行业来说是巨大的缺陷。在很多情况下,色彩本身就是创意的一部分,而不是仅仅用于上色。陶瓷基材料的3D打印虽然可实现多色彩,但由于力学性能的限制,其并不实用。

Stratasys公司于2014年2月推出了首款全彩多材料3D打印机,可在一件原型件上实现多达46种的色彩,这很大程度上满足了创意行业对色彩的需求,但未来彩色3D打印还有很漫长的道路要走。如图11-1所示为Stratasys推出的Objet500 Connex3彩色多材料3D打印机打印出的产品。

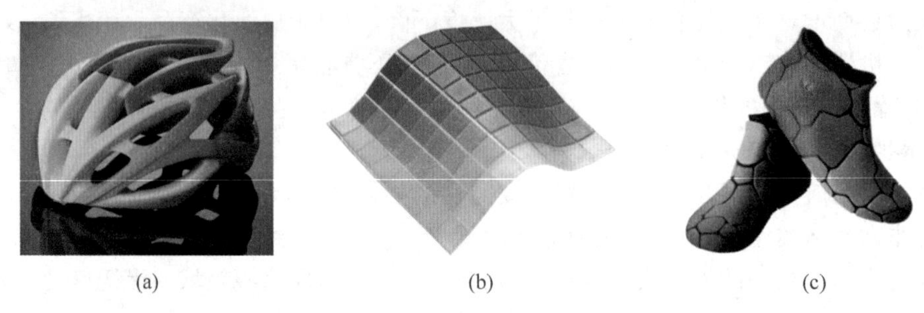

(a) (b) (c)

图11-11 Objet500 Connex3彩色多材料3D打印机打印出的产品

11.3.3 工艺及装备尚不成熟

1. 工艺技术不够稳定

对于同一型号机器来说,不同批次产品的稳定性、重复性和统一性均尚待提高。同样的问题也存在于不同型号机器生产的产品当中。导致这些结果的主要因素包括不受控制的工艺变量、原材料供应的变化以及不同机器核心部件的差异等。

2. 缺乏在线控制方法和在线监测方法

根据相关人士预计,增材制造产品的成品率大约为70%。此外,20%是制造过程中产生的废件,其他10%则存在内部物理缺陷。如果未来增材制造技术被整合到工业生产中,那么后者将是一个需要解决的关键问题。对于航空航天及国防等领域,产品的可靠性将至关重要。目前,提供给制造商可用的在线控制方法和在线监测方法非常少,特别是有关热能控制的缺陷检测。这导致很难知道产品是否达到规格要求,生产过程是否正常。

3. 设计工具和软件限制了设计的自由度

虽然增材制造技术可以实现完全的自有创意,但依靠现有的设计工具如CAD,并不能真正地实现创意的自由发挥。这些软件很大程度上无法处理复杂的晶格结构、蜂窝结构、拓扑优化结构和其他一些复杂的几何形状。同时,现有软件只有专业人士才能操作,使得非专业人士很难使用这些软件对所需产品进行创造性的设计。

4. 后处理工序增加了生产的复杂性

为了满足产品的最终要求,增材制造产品经常需要后处理工序。这包括进行表面抛光,以达到特定的光洁度;进行机加工,以满足尺寸公差;通过残余应力消除及热处理,以去除制造支撑结构和进行废料处理。这些步骤会影响生产效率并增加了生产成本，此外还有可能引入新的工艺变量，影响产品质量。

11.3.4 数据库、标准/认证体系缺乏

1. 材料、工艺、产品数据的缺乏

目前，增材制造的关联数据还比较缺乏，主要是材料—工艺—性能相互关系的基础数据。从材料的角度来说，无法知道这些材料的局限性和优点，使得材料选用成为困难，很难根据不完善的材料属性设计相应的零部件；从工艺角度来说，有限的数据不足以支撑建立精确和详尽的数学模型，这大大降低了对产品性能的预期能力，增加了失败概率；从成品的角度来说，几乎没有什么可查阅的公开产品性能数据。例如，航空航天领域的力学性能及疲劳相关参数，医疗保健行业的力学性能和生物反应相关参数。这使得设计师、工程师、科学家及用户对整个生产环节的理解和规划能力大打折扣，限制了增材制造技术的发展。

2. 标准/认证的缺失

对比传统制造技术，增材制造技术的标准和认证还很少，使得最终零部件的定量检测、对比十分困难。美国测试和材料协会(ASTM)已和国际标准化组织(ISO)签署协议，共同推进3D打印技术的国际标准工作。目前，ASTM已颁布了6项相关标准，包括设计和术语标准各1项，测试方法、材料及工艺标准各2项，但这远远不足以支撑增材制造应用的快速发展。此外，增材制造的认证标准也十分缺乏。目前，还没有形成标准化的材料性能数据库，无法对设备或工艺水平进行认证，以帮助实现机器到机器以及部件到部件的可重复性，减少实验时间和精力耗费。因此，填补认证体系的空白也是发展这项先进技术的要素之一。

11.3.5 商业推广障碍

1. 技术就绪指数较低

技术就绪指数(technology readiness level，TRL)由美国航空航天局(NASA)于1969年最先发展起来，是一种衡量技术发展(包括材料、零件、设备等)成熟度的指标，其核心思想是用符合科学技术研究规律的技术成熟状况来评价科学技术的研究进程及其创新阶梯。一般而言，当一个新的技术被发明或提出时，不适合立刻在实际环境中进行应用。它需要经过大量的实验检测以及改良完善，充分证明其应用的可行性，再进行大规模推广应用。因此，TRL将整个科技研发过程分为9级3个阶段，前3级为“实验室”阶段，中间3级为“中试”阶段，最后3级为“产业化”阶段。根据TRL的评估标准，对于很多应用来说，增材制造技术的就绪指数仍然处于较低位置。例如，一些金属部件的相关应用处于TRL 3～7的位置，而实际上当TRL达到9级的时候才意味着一种新技术已经“准备好”，可以开始大规模生产应用。因此，这项技术还需要政府、企业和民间合力进行推动，最终成为一项革命性技术。

2. 产业链不成熟

受到TRL较低的影响，增材制造产业链也显得十分薄弱。在原材料领域，相关的供应商十分有限，而不同设备供应商生产的机器也缺乏统一的标准，这导致不同厂商生产的

原材料和不同厂家生产的设备匹配性很差。常常是必须使用设备厂商销售的专用材料，产品才能达到最好的性能。如果供应链发生断裂，用户则需要进行广泛的搜索，寻找新的供应商，并与合作伙伴进行大量的洽谈，以达成技术规范和要求的一致。

3. 缺乏相关的专业培训和教育

增材制造相关的专业培训非常有限，使得对此技术感兴趣的非专业人员以及刚刚涉足此领域的新人无法得到所需的专业培训和指导，限制了此技术的设计自由度和其他优势得到最大程度的发挥，从而导致一些具有商业价值的潜在应用没有得到实现。

4. 增材制造技术的认知度较低

很多人还没有真正意识到增材制造带来的影响。例如，在医疗器械行业里面，一些公司已经开始使用这项技术制造牙冠，而另外一些牙冠制造公司仍不知道增材制造这项先进技术。除去对传统制造业的影响以外，这项技术对社会发展也具有深远意义。通过和移动互联网的高度结合，它将衍生出各种新颖的商业模式和营销模式。这些新兴的模式如苹果、淘宝、特斯拉等公司的出现一样，改变了我们现有或未来的生活方式，这也是为什么美国高调将增材制造技术遴选为首个先进制造技术，并率先成立了增材制造国家制造创新中心。

5. 一些行业对这项技术持怀疑态度

虽然增材制造技术已经被引入航空航天、医疗的组件生产和研发中，但其他一些行业对此技术能否满足生产要求持怀疑态度，他们觉得在日常生产使用增材制造技术有些“太高科技”。但随着时间的推移，我们已经可以看到糕点、玩具、家具、建筑等普通产品使用了这种先进技术。虽然这些应用大部分还处于原型件阶段，但前景令人期待。

增材制造技术的成形原理决定了其广泛的应用领域和巨大的市场潜力，增材制造技术的不足与传统加工的弊端共同决定了增材制造技术的发展趋势。

11.4 增材制造技术的发展原则与发展目标

11.4.1 发展原则

需求牵引与创新驱动相结合。面向重点领域产品开发设计和复杂结构件生产需求，以技术创新为动力，着力解决关键材料和装备自主研发等方面的基础问题，不断提高产品和服务质量，满足用户应用需求。

政府引导与市场拉动相结合。发挥政策激励作用，聚焦科技和产业资源，根据技术、市场成熟度，实施分类引导，同时发挥市场对产业发展的拉动作用，营造良好的市场环境，不断拓展应用领域，促进增材制造大规模推广应用。

重点突破和统筹推进相结合。结合重大工程需求，在航空航天等涉及国防安全及市场潜力大、应用范围广的关键领域和重要产业链环节实现率先突破。兼顾个性化消费、创意产业等领域，形成产品设计、材料、关键器件、装备及工业应用等完整的产业链条。

增材制造和传统制造相结合。加快培育和发展增材制造产业，不断壮大产业规模。加强与传统制造工艺的结合，扩大在传统制造业中的应用推广，促进工业设计、材料与装备等相关产业的发展与提升。

11.4.2 发展目标

建立较为完善的增材制造产业体系，整体技术水平与国际保持同步，在航空航天等直接制造领域达到国际先进水平，在国际市场上占有较大的市场份额。

1. 产业化取得重大进展

增材制造产业销售收入实现快速增长，年均增长速度达30%以上。进一步夯实技术基础，形成一定数量具有较强国际竞争力的增材制造企业。

2. 技术水平明显提高

增材制造工艺装备达到国际先进水平，掌握增材制造专用材料、工艺软件及关键零部件等关键环节的核心技术。研发一批自主装备、核心器件及成形材料。

3. 行业应用显著深化

增材制造成为航空航天等高端装备制造及修复领域的重要技术手段，逐步成为产品研发设计、创新创意及个性化产品的实现手段以及新药研发、临床诊断与治疗的工具。在全国形成一批应用示范中心或基地。

4. 研究建立支撑体系

成立增材制造行业协会，加强对增材制造技术未来发展中可能出现的一些如安全、伦理等方面问题的研究。形成一定数量增材制造技术创新中心，完善扶持政策，形成较为完善的产业标准体系。

11.5 增材制造技术的发展方向

11.5.1 着力突破增材制造专用材料

依托高校、科研机构开展增材制造专用材料特性研究与设计，鼓励优势材料生产企业从事增材制造专用材料研发和生产，针对航空航天、汽车、文化创意、生物医疗等领域的重大需求，突破一批增材制造专用材料，见表11-3。针对金属增材制造专用材料，优化粉末大小、形状和化学性质等材料特性，开发满足增材制造发展需要的金属材料。针对非金属增材制造专用材料，提高现有材料在耐高温、高强度等方面的性能，降低材料成本。尽快实现铁合金、高强钢、部分耐高温高强度工程塑料等专用材料的自主生产，满足产业发展和应用的需求。

表11-3 着力突破增材制造专用材料

类　别	材料名称	应用领域
金属增材制造专用材料	细粒径球形钛合金粉末(粒度20～30μm)、高强钢、高温合金等	航空航天等领域高性能、难加工零部件与模具的直接制造
非金属增材制造专用材料	光敏树脂、高性能陶瓷、碳纤维增强尼龙复合材料(200℃以上)、彩色柔性塑料以及PC、ABC材料等耐高温高强度工程塑料	航空航天、汽车发动机等铸造用模具开发及功能零部件制造；工业产品原型制造及创新创意产品生产

续表

类　　别	材料名称	应用领域
医用增材制造专用材料	胶原、壳聚糖等天然医用材料；聚乳酸、聚乙醇酸、聚醚醚酮等人工合成高分子材料；羟基磷灰石等生物活性陶瓷材料；钴镍合金等医用金属材料	仿生组织修复、个性化组织、功能性组织及器官等精细医疗制造

11.5.2　加快提升增材制造工艺技术水平

积极搭建增材制造工艺技术研发平台，建立以企业为主体，产学研用相结合的协同创新机制，加快提升一批有重大应用需求、广泛应用前景的增材制造工艺技术水平，开发相应的数字模型、专用工艺软件及控制软件，支持企业研发增材制造所需的建模、设计、仿真等软件工具，在三维图像扫描、计算机辅助设计等领域实现突破。解决金属构件成形中高效、热应力控制及变形开裂预防、组织性能调控，以及非金属材料成形技术中温度场控制、变形控制、材料组分控制等工艺难题。

11.5.3　加速发展增材制造装备及核心器件

依托优势企业，加强增材制造专用材料、工艺技术与装备的结合，研制推广使用一批具有自主知识产权的增材制造装备，见表11-4，不断提高金属材料增材制造装备的效率、精度、可靠性，以及非金属材料增材制造装备的高工况温度和工艺稳定性，提升个人桌面机的易用性、可靠性。重点研制与增材制造装备配套的嵌入式软件系统及核心器件，提升装备软、硬件协同能力。

表11-4　加快发展增材制造装备及核心器件

类　　别	名　　称
金属材料增材制造装备	激光/电子束高效选区熔化、大型整体构件激光及电子束送粉/送丝熔化沉积等增材制造装备
非金属材料增材制造装备	光固化成形、熔融沉积成形、激光选区烧结成形、无模铸型以及材料喷射成形等增材制造装备
医用材料增材制造装备	仿生组织修复支架增材制造装备、医疗个性化增材制造装备、细胞活性材料增材制造装备等
增材制造装备核心器件	高光束质量激光器及光束整形系统、高品质电子枪及高速扫描系统、大功率激光扫描振镜、动态聚焦镜等精密光学器件、阵列式高精度喷嘴/喷头等

11.5.4　建立和完善产业标准体系

(1) 研究制定增材制造工艺、装备、材料、数据接口、产品质量控制与性能评价等行业及国家标准。结合用户需求，制定基于增材制造的产品设计标准和规范，促进增材制造技术的推广应用。鼓励企业及科研院所主持或参与国际标准的制定工作，提升行业话语权。

(2) 开展质量技术评价和第三方检测认证。针对目前用户对增材制造产品在性能、质量、尺寸精度、可靠性等方面的疑虑,就航空航天、汽车、家电及生物医疗等对国家和人民生活安全有重大影响的行业使用增材制造技术直接制造产品,开展质量技术评价和第三方检测认证,确保产品的各项指标满足用户需求,促进增材制造技术的推广应用。

11.5.5 大力推进应用示范

1. 组织实施应用示范工程

依托国家重大工程建设,通过搭建产需对接平台,着重解决金属材料增材制造在航空航天领域的应用问题,在具备条件的情况下,在国防军工其他领域予以扩展。在技术相对成熟的产品设计开发领域,发展增材制造服务中心和展示中心,通过为用户提供快速原型和模具开发等方式,促进增材制造的推广应用。对于创意设计、个性化定制等领域,通过搭建共性服务平台,支持从事产品设计开发、文化创意等领域的中小型服务企业采用网络化服务模式,提高专业化服务水平。完善个性化增材制造医疗器械在产品分类、临床验证、产品注册及市场准入等方面的政策法规。

2. 支持建设公共服务平台

在具备优势条件的区域搭建公共服务平台,发展增材制造创新设计应用中心,为用户提供创新设计、产品优化、快速原型及模具开发等应用服务,促进增材制造技术的推广应用。加大对增材制造专用材料、装备及核心器件研发基地建设的支持力度,加快形成产业集聚发展,尽快形成产业规模。

3. 组织实施学校增材制造技术普及工程

在学校配置增材制造设备及教学软件,开设增材制造知识的教育培训课程,培养学生创新设计的兴趣、爱好和意识,在具备条件的企业设立增材制造实习基地,鼓励开展教学实践。

11.6 增材制造技术的发展趋势

1. 深化产学研结合

高校在3D打印产业发展及研发实力较强,但科研成果的转化率偏低。企业应积极与高校开展合作,为高校提供前沿的行业信息、市场信息,高校为企业提供技术支持,实现技术的经济价值。在这一点上,各地应学习西安地区的"3D打印专利技术转移一体化运营模式",高校可效仿西安交通大学,既注重技术的自主研发,又注重与企业和科研院所的合作开发,同时通过专利转让和许可的行为实现技术转化和市场占有,加速"知本"向"资本"的转化。

2. 提高零件的成形精度和表面质量

零件的成形精度和表面质量是制造业的研究重点。影响增材制造的成形精度和表面质量的因素贯穿整个成形过程;前处理中零件CAD模型的数据转换,成形方向的选择和切片处理,堆积成形过程中加工策略的规划,工艺参数的选取,后处理中支撑结构的去除和表面处理等多方面制约着成形件的精度和表面质量。因此提高成形精度和表面质量是增材制造技术发展的必然趋势。

3. 开发经济、实用、高效的增材制造设备

经济、实用、高效的制造设备是增材制造技术广泛应用的基础。目前,西安交通大学开发出一种刀切型纸层叠快速原型系统,用刀具替代LOW成形机中的激光器,有助于降低系统及其运行成本。

4. 开发新型、高性能成形材料

成形材料是影响成形工艺的重要因素之一。目前增材制造中使用的材料有光敏树脂、金属粉末、热塑性材料和箔材等,价格较高,成形过程和后处理中易发生物理变化和化学反应,制备的零件不能作为最终的产品。因此增材制造技术的进一步研究也包括研制新型、高性能的成形材料和低成本的材料制备工艺。

5. 增材制造装备的两极化发展

增材制造装备向两个方向发展:一是工业用、高精度、大型的快速成型设备,用于制造精度高、结构复杂、高性能的零件;二是小型微型化快速成型设备,面向日用消费品的制造和纳米制造。

6. 绿色制造

绿色制造是可持续发展的基本要求。Brent STE-PHENS等发现FDM增材制造设备在工作中排放的微细及超微颗粒被定为"高排放"。因此,清洁、无污染绿色制造直接关系到增材制造技术的未来。

培育中国制造竞争新优势,既要瞄准世界产业技术发展前沿,加强3D打印等核心技术和原创技术研发,又要加快成果推广运用和产业化进程,促进创新链和产业链紧密联结,以个性化定制满足广阔市场需求,以增材制造降低能源资源消耗,以绿色生产赢得可持续发展的未来,推动新兴产业集群不断壮大,使中国制造价格优势叠加性能优势、质量优势。

思考与练习

1. 简述制约增材制造技术发展与应用的瓶颈问题。
2. 增材制造技术的发展方向是什么?
3. 增材制造技术的发展趋势是什么?
4. 除本书讲述的发展方向外,你认为增材制造技术应该向哪些方向发展?
5. 除本书讲述的发展趋势外,你认为增材制造技术应该向哪些趋势发展?

教材中英文缩写对照及注释

英文缩写	英 文 全 称	中 文 注 释
3D	three dimensional	三维
CAD	computer aided design	计算机辅助设计
CAM	computer aided manufacturing	计算机辅助制造
CNC	computer numerical control	计算机数字控制
AM	additive manufacturing	增材制造
ASTM	American Society for Testing and Materials	美国材料与试验协会
SLA	stereo lithography apparatus	光敏材料选择性光固化
SLS	selective laser sintering	粉末材料选择性激光烧结
FDM	fused deposition modeling	丝状材料融化沉积成形
LOM	laminated object manufacturing	薄型材料分层切割
CT	computer tomography	计算机X线断层照相术
STL	stereo lithography interface specification	立体光刻接口规范
ASCII	American standard code for information interchange	美国标准信息交换标准码
3DP	three dimensional printing	三维打印
LENS	laser engineered net shaping	激光工程化净成形
CSG	constructive solid geometry	构造实体几何法
B-Rep	boundary representation	边界表达法
CMM	coordinate measurement machine	坐标测量机
MRI	magnetic resonance imaging	磁共振成像

续表

英文缩写	英 文 全 称	中 文 注 释
FEM	finite elements method	有限元方法
PCA	post curing apparatus	后固化装置
SGC	solid ground curing	掩膜光刻成形技术
PMMA	polymethyl methacrylate	聚甲基丙烯酸甲酯
IGES	the initial graphics exchange specification	初始化图形交换规范
DIF	drawing interchange format	绘图交换文件
HPGL	Hewlett-Packard graphics language	惠普图形语言
PLA	poly lactic acid	聚丙交酯
ABS	acrylonitrile butadiene styrene copolymers	丙烯腈-丁二烯-苯乙烯共聚物
BPM	ballistic particle manufacturing	弹道微粒制造技术
TDW	three dimensional welding	三维焊接成形技术
DBL	digital brick laying	数码累积成形技术
SLM	selective laser melting	选区激光熔化制造技术
LSF	laser solid forming	激光立体成形制造技术
EBSM	electron beam selective melting	电子束选区熔化制造技术
EBF3	electron beam freeform fabrication	电子束熔丝沉积制造技术
ECD	electroless chemical deposition	无电化学沉积
PVD	physical vapour deposition	物理蒸发沉积
RT	rapid tooling	快速模具制造
ASA	acrylonitrile styrene acrylate copolymer	丙烯酸酯类橡胶体与丙烯腈、苯乙烯的接枝共聚物
TRL	technology readiness level	技术就绪指数

参考文献

[1] 郭政亚，熊振华.金属增材制造缺陷检测技术[J].哈尔滨工业大学学报，2020，52(5)：49-57.

[2] 陶攀，李怀学，许庆彦，等.激光选区熔化工艺过程数值模拟的国内外研究现状[J].铸造，2017，66(7)：695-701.

[3] 李美美，康玉辉，赵敬云.基于逆向工程的吸尘器接头创新设计[J].南方农机，2021(5)：119-121.

[4] 刘永勋，赵敬云.基于神经网络和遗传算法的工业机器人不均匀表面抛光[J].机床与液压，2019，47(21)：46-50.

[5] 杨阳祎玮，易敏，等.粉末增材制造微结构的非等温相场模拟[J].中南大学学报(自然科学版)，2020，51(11)：3019-3031.

[6] 任朝晖，刘振，周世华，等.钛合金激光熔丝增材制造的温度场与应力场模拟[J].东北大学学报(自然科学版)，2020，41(4)：551-556.

[7] 王雪婷.从专利角度看3D打印技术的发展态势[J].信息记录材料，2020(5)：6-10.

[8] 李柳杰，陆桂军，董婷梅.3D打印研究态势分析及产业发展建议研究[J].科技与产业融合，2020(4)：52-56.

[9] 马晓坤，侯建峰，孟宪东，等.3D打印技术的发展及应用现状[J].化学工程与装备，2020(12)：246-248.

[10] 李雪峰，潘恒沛，张先锋，等.金属3D打印技术的发展与应用探讨[J].世界制造技术与装备市场，2020(4)：21-23.

[11] 刘智，赵永强.3D打印技术设备的现状与发展[J].锻压装备与制造技术，2020(12)：7-13.

[12] 潘志强.3D打印技术的发展及应用分析[J].石河子科技，2020(12)：36-37.

[13] 王运赣.快速成型技术[M].广州：华南理工大学出版社，1999.

[14] 王学让，杨占尧.快速成型理论与技术[M].北京：航空工业出版社，2001.

[15] 王学让，杨占尧.快速成型与快速模具制造技术[M].北京：清华大学出版社，2006.

[16] 杨占尧.基于快速原型的电弧喷涂模和硅胶模制造技术研究[D].西安：西安交通大学机械工程学院，2003.

[17] 杨占尧，杨晓兰，赵英.利用快速成型与硅橡胶模技术远程制造塑料件[J].工程塑料应用，2001(9)：13-15.

[18] 杨占尧，翟德梅.RP和电弧喷镀相结合的快速制模技术[J].机械工程师，2001(10)：26-28.

[19] 杨占尧，秦歌，翟振辉.金属喷镀法快速制作金属模具方法研究[J].河南机电高等专科学校学报，2001，9(2)：1-5.

[20] 王学让.激光快速成型技术的应用研究[J].河南机电高等专科学校学报，2001，9(1)：11-13.

[21] 王学让.快速成型和等离子喷镀技术相结合的快速制模方法研究[J].机械设计与制造，2001(4)：65-67.

[22] 丁红瑜，孙中刚，初铭强，等.选区激光熔化技术发展现状及在民用飞机上的应用[J].航空制造技术，2015(4)：102-104.

[23] 林鑫，黄卫东.应用于航空领域的金属高性能增材制造技术[J].中国材料进展，2015，34(9)：684-688.

[24] 叶梓恒.Ti6Al4V胫骨植入体个性化设计及其激光选区熔化制造工艺研究[D].广州：华南理工大

学机械与汽车工程学院，2014.

[25] 宋长辉.基于激光选区熔化技术的个性化植入体设计与直接制造研究[D].广州：华南理工大学机械与汽车工程学院，2014.

[26] 巩水利，锁红波，李怀学，等.金属增材制造技术在航空领域的发展与应用[J].航空制造技术，2013(13)：66-71.

[27] 刘杰.面向快速成型的设备控制、工艺优化及成形仿真研究[D].广州：华南理工大学机械与汽车工程学院，2012.

[28] 袁茂强，郭立杰，王永强，等.增材制造技术的应用及其发展[J].机床与液压，2016，44(5)：183-188.

[29] 王聪聪，詹仪.3D打印技术的应用与发展前景[J].出版与印刷，2014(4)：23-28.

[30] 陈雪.3D打印技术在医学中的发展应用[J].广东科技，2015(15)：60-63.

[31] 肖绪文，田伟，苗冬梅，等.3D打印技术在建筑领域的应用[J].施工技术，2015，44(10)：79-83.

[32] 王菊霞.3D打印技术在汽车制造与维修领域应用研究[D].长春：吉林大学机械科学与工程学院，2014.

[33] 高金岭.FDM快速成型机温度场及应力场的数值模拟仿真[D].哈尔滨：哈尔滨工业大学机电工程学院，2014.

[34] 朱伟军，李涤尘，张征宇，等.飞行器风洞模型的快速制造技术[J].实验流体力学，2011(5)：79-84.

[35] 卢秉恒.创新驱动增材制造的发展[J].改革与开发，2014(15)：2-3.

[36] 陈勃生.增材制造(3D打印)应用领域发展现状及趋势[J].建设机械技术与管理，2015(12)：38-41.

[37] 于灏.增材制造发展战略及技术创新需求分析[J].新材料产业，2014(8)：40-44.

[38] 王红军.增材制造的研究现状与发展趋势[J].北京信息科技大学学报(自然科学版)，2014，29(3)：20-24.